U0167703

南坡风味

杨计文 著

廣東旅游出版社
GUANGDONG TRAVEL & TOURISM PRESS
悦读书·悦旅行·悦享人生

中国·广州

图书在版编目（CIP）数据

闸坡风味 / 杨计文著. — 广州 ：广东旅游出版社，2023.4
ISBN 978-7-5570-2937-1

Ⅰ. ①闸… Ⅱ. ①杨… Ⅲ. ①饮食—文化—阳江 Ⅳ. ①TS971.206.55

中国国家版本馆CIP数据核字(2023)第026105号

出 版 人：刘志松
策划编辑：何 阳
责任编辑：魏智宏 张 琪
封面题字：杨计文
图片摄影：杨计文
设计编辑：陈家民
责任校对：李瑞苑
责任技编：冼志良

闸坡风味
ZHAPO FENGWEI

广东旅游出版社出版发行
（广东省广州市荔湾区沙面北街 71 号首、二层）
邮编：510130
电话：020-87347732（总编室） 020-87348887（销售热线）
投稿邮箱：2026542779@qq.com
印刷：广州市岭美文化科技有限公司
地址：广州市荔湾区花地大道南海南工商贸易区A幢
开本：787毫米 ×1092毫米 16开
字数：123千字
印张：24
版次：2023 年 4 月第 1 版
印次：2023 年 4 月第 1 次
定价：128.00 元

一部口舌生香的海洋美食之作

——序杨计文《闸坡风味》

司徒尚纪

2018年，个人曾为阳江作家杨计文先生《闸坡印记》写过一篇序文《乡愁缕缕自飘香》。读其书，获益匪浅，也不时推介给同事友人，备受好评。四年后，杨先生另一大作《闸坡风味》又翩翩而至，殊为惊喜。像闻香识女人一样，这是一部洋溢着丰沛的乡土情怀，令人口舌生香的海洋美食之作，可以说是他的《闸坡印记》的姐妹篇，献给阳江父老乡亲的双璧。杨先生再索序于余，恭敬不如从命，乃欣然应允，写了一点文字权当序言。

杨先生的大作，一是他勤奋耕耘，长期深入生活，丰厚积累的成果。二也是大自然的赐予，造就了闸坡这片黄金海域。科学研究表明，源于云贵高原的珠江水系，从珠江口西流至海陵岛一带即止，与漠阳江河水、南海海水交会，形成一片特殊广阔海域。它们带来多种营养盐和微量元素，吸引各种鱼类洄游至此群集，由此形成无论产量还是质量都远胜其他海区的闸坡渔场。闸坡由此蜚声天下，有“广东鱼仓”之誉，也为海洋美食提供上好食材，它们一经闸坡人之手，即被炮制成形形色色的美味佳肴，大饱游人口福。这些都被杨先生妙笔生花尽收入大作之中，这就是奉献给读者的这部《闸坡风味》。

南海水族，千门万类，性质各有不同。而阳江人作为广府民系一部分，饮食诸多讲究，皆取决于对食材的加工、炮制手艺。《闸坡风味》立足本土，对海产烹调、花式、风味等尽出当地厨师之手，显其技术风采。例如海产加工类别，即有清蒸、白灼、焖煎、炒、焗、揞、清汤、浓汤、焗饭、炒饭、粥、小食等，五花八门共115种，且色、香、味俱全，尽留食客舌尖，回味再三。闸坡虽为南海一小镇，但如此众多菜肴和小食，可与“食在广州”异曲同工，在广府饮食体系中占有一席之地。有赖于这部著作的归纳、总结和宣传，深藏广府边闸坡美食，才被人发现和享受。杨先生筚路蓝缕之功不可没。

风味饮食介绍之书，当下充斥图书市场，尤其在旅游景点类图书中占有霸主地位，但其内容多囿于就食论食，内涵单薄，高品位者不多。而这部著作，却很注意对每个菜谱的深入介绍，包括食材产地环境、加工过程、风味特色，甚至食材学名、历史渊源等，特别是附上相应彩照，鲜艳夺目，楚楚动人，大有未食先醉之概，显示作者高超的摄影艺术和审美情趣。这些精美插图和流畅文字相匹配，珠联璧合，使每种菜肴活色生香，气味逼人，赢得食客青睐。

作者是一位楹联高手，在这部作品中这也得到充分张扬。他在每种菜色之后，都加上一句诗作为副标题，为全书增色不少。如“阳江豆豉蒸蒲鱼”——最是乡土风味美；“海味粉丝煲”——一丝一缕皆海味；“炭烧大眼鲷”——穿超焦香再回甘；“蚝豉花生羹”——烹得新味飨舌尖；“猪肠碌”——唯此一卷入春秋，这样事例不胜枚举。不仅如此，作者在行文中，还恰到好处地穿插援引中外名人对菜色的评价，可以说是锦上添花。如引李时珍《本草纲目》载，海蜇咸、温、无毒，是一味治病的良药。当然这是一种甜酸小菜。又用王国维《随息居食谱》评价墨鱼：“疗口咸，滋肝肾，补血脉，理奇经，愈崩漏，利胎产，调经带，利疝瘕，最益妇人。可鲜可脯，南海产淡干者佳。”照此看来，墨鱼浑身是宝，食疗药疗功能十足。煎堆是广府地区过年最普通一种口果，作者考证它源于唐朝，并引初唐诗人王梵志诗云：“贪他油煎堆，爱若波萝蜜。”这里纠正了中外文化交流一个时差。按通常认为，波罗蜜是唐中后期从印度传入广州，首种于南海神庙，唐诗人段成式（803—863）《酉阳杂俎》有记。而王梵志是隋末唐初人，比段成式出生要早约200年，故波罗蜜传入中国至迟是隋末唐初之事。作者援引这两句诗，实有其历史意义。

笔者老家就在漠阳江出海口，祖上在闸坡经营海产为生，日常生活资仰于海，与海洋有不解之缘。书中所列 150 种风味小食，笔者基本上领略过，故一开卷，即闻到大海的气息、故土的芬芳，几乎一口气把它读完，感慨良多。趁着读书兴头未减，匆匆写了以上文字，也算是向读者的推介。

是为序。

司徒尚纪

2022 年 5 月于广州中山大学望江楼

司徒尚纪教授

简介 Introduction

司徒尚纪，广东阳江人，1943 年生，先后毕业于中山大学、北京大学本科、硕士、博士研究生，获北京大学理学博士学位。广东省政府参事、广东省文史学会副会长、广东省珠江文化研究会名誉会长、广东省作家协会会员。

主要研究历史地理和文化地理，傍及海洋、民族、方志、地名、城市和区域规划等，出版著作 37 部，论文 400 余篇，约 1600 万字。对区域文化和海洋文化有深入研究，建树累累。代表作有《海南岛历史上土地开发研究》《岭南历史人文地理》《广东历史地图集》《肇庆市地名著》《地理学在广东发展史》《简明中国地理学史》《珠江传》《中国珠江文化史》《中国珠江文化简史》《珠江文化与史地论集》《泛珠三角与珠江文化》《中国地理百科 · 珠江》《广东文化地理》《中国地域文化通览 · 广东卷》《中国南海海洋国土》《环中国南海文化》《中国南海海洋文化史》《中国南海海洋文化》《侨乡三楼》《雷州文化概论》《21 世纪海上丝路：广东再出发》等，被誉为“为珠江立传第一人”。部分图书获省部级、国家级奖励，其本人享受政府特殊津贴。

海韵风情美味香

——代序《闸坡风味》

林迎

手拿着杨计文先生送来的《闸坡风味》书稿，翻阅着厚厚近四百页的篇什，我感受到有一种温馨的海腥味迎面扑来。那情景，就跟几年前在海陵岛参加《闸坡印记》首发式时的感受相似。略有不同的是，《闸坡印记》像是一本典型的“小百科全书”，那是作者数十年对家乡海洋文化全面探索的辛勤积淀，而这次看到的《闸坡风味》，则更集中地展示出的是“舌尖上的感受”。

《闸坡风味》特色明显。首先是谈及的美食内容十分丰富，逾百余种，诸如洋洋洒洒的不同菜式，既有清蒸白灼，又有焖煎炒炸；既有清汤浓汤，又有焗饭炒饭,还有五花八门的各种小吃。例如,“蒜蓉蒸龙虾”之养眼,“香煎一夜水”之新颖,“血蟮饭、海胆饭、大乌饭”之香气诱人,可谓斑斓多彩,魅力无限。

其次，体现出浓浓的文化韵味。品读篇章，一些很平凡的文字，经由作者的娓娓道来，也变得句句有来历，段段有故事。如从“椰菜饭”里折射出困难时代里的艰辛与苦楚；在《芙叔麻糖》里唤醒起的少年记忆；于《老婆饼》里，作者则注入了暖暖的人生情怀。一位诗人曾说：“人世间，唯有爱与美食不可辜负，爱已辜负得太多，美食就不能再辜负了。”

不由赞叹，书中洋溢着浓浓的情愫，还科普了许多美食知识。在《阳江豆豉蒸蒲鱼》中，作者提出，“阳江豆豉浓重甘醇的豉香，对很多食材都有亲和力,而阳江豆豉蒸蒲鱼便属于此类”。可以说,作者在赞叹“闸坡蒲鱼”的同时，也积极地推介“阳江三宝”。

再次，“海味”十分突出。纵观作者所述的百来篇蒸菜、炒菜、汤、饭等美食，既涵盖了生活美食中的各个方面，又都是海味十足，例如鱼丸丝瓜汤等 6 种，蚝饭、马友鱼饭、沙蚂海粥等 10 种，都是用海产品作食材。

当被问及为什么要花这么大的力气搞这么一本厚重的书，计文的回答朴实无华：“闸坡是我的故乡，能用自己手中之笔，把故乡的美与风情表现和传承下来，这是我最大的希望。”

谈及出这本书的难度，杨计文并不讳言，“最费时费力莫过于寻找资料，既要展示有价值的食材和成品，又要花大力气去采访、调研、探究，许多掌故时间久了，如果不抓紧保护和传承，就很容易在民间中流失”。谈到如何制作照片，计文说：“我在编集子时就给自己下了个指标，即每一样食材或成品至少要有一幅以上的图片。”

如在描写创作《清蒸斗嫁蠘》时，作者曾这样描写，“斗嫁蠘的外壳似是清兵军官的帽子，帽子下一团小鲜肉，那是斗嫁蠘的外体”，为了介绍好这一“将军帽”，计文专门找来朋友，到马尾岛，甚至南鹏岛，千方百计去寻踪觅迹，好不容易买到一个原生物，又要赶到大海边、礁石上作现场拍摄，几经周折，拍摄和推介工作才得以告一段落。

为了全面、详尽地收集所需要的美食资料，计文千方百计去寻求“货源”或积累素材，一旦发现“有料”，要么亲自带几个同道到某酒店，观摩大厨做菜，拍下美食成果；要么自己动手，请三五知己到家里来，让朋友在欣赏自己的厨艺和成果的同时，做出点评，这顿饭朋友吃得宽心，计文也获得满满的“写作素材”。此法颇得蒲松龄免费送茶水听故事写《聊斋》之遗风，正因为这样执着认真，杨计文所写出的“风味故事”显得真实可信，阅其文并观其图，仿佛如临其境。

见计文在短短几年便先后推出三本书（还有一本《藤壶文集》已经在印刷厂里印制着），我的佩服之情油然而生。“在出书难，销书也难的今天，你却投入高成本去印制这么多书，有时会不会觉得有点亏？”听了我的话，计文缓缓回答：“若说没有吃点亏，似乎也不真实，不过我却是愿意做这件事的。”随即，杨计文颇带自豪地说：“从《闸坡印记》推出以来情况看，社会反响还是挺不错的。”一位曾经到过海陵岛采风的中国作协副主席，对计文说：“你写的这本书，为海陵岛人民作出了贡献，希望今后继续努力！”

听了这样的话，我为计文的成功而高兴，我当然也要为《闸坡风味》的出版而祝福。“用自己的心力去表现自己家乡的民情风貌”是计文的意向。我相信，在为家乡乃至为阳江的文化传承的事业中，杨计文先生，决不会放缓他前行的脚步。

2022 年 11 月 5 日

林迎

简介
Introduction

林迎，中国作家协会会员、广东省作家协会理事、省作协杂文委员会委员、省文艺评论家协会会员、省传记文学学会会员、省书法家协会会员、省鲁迅研究学会会员、阳江市文联兼职副主席、市作家协会主席、市书法家协会名誉主席、市鲁迅研究学会副会长。曾任市政府副秘书长、市信访局局长、市委组织部副部长、老干部局局长。

先后在《文艺报》《人民日报》《作品》《黄河》《南方日报》《广东文坛》等各级报刊发表文艺作品和理论文章百余万字，散文《艺术逆行·立碑逆魂》于 2021 年 5 月被广东省报纸副刊研究会评为副刊文化专题二等奖。著有散文集《美林采英》、《心灵之路》、《岁月留声》（上、下集）、《文海帆影》等，主编阳江市作协丛书第一至五套。

寻觅闸坡的地方味道

——序《闸坡风味》

吴水田

风味美食是地方文化的重要内容，与地方自然和人文环境密切相关。闸坡地处广东、广西、海南等省区水陆交通要道经过区域，水路距香港 140 海里，距澳门 120 海里，是古代南海海上丝绸之路的重要补给港和中转港。闸坡三面环海，属亚热带海洋气候，渔业资源丰富，素有“广东鱼仓”之称，优越的地理位置和自然条件，为美食的发展提供了良好的物质基础。

风味美食在人类生活中具有重要地位，是人们追求美好享受的对象。人们在对食物选材、加工、享用的过程中形成了不同的风俗和习惯，包括烹饪方法、食器以及相应的礼仪等内容，这些与饮食相关的文化综合体即是饮食文化。我国的饮食文化源远流长,《礼记》中说:“夫礼之初,始于饮食。”《周礼·天官·膳夫》中就载有“周八珍”的菜谱。晋代，张华在《博物志》中就指出东南一带具有食水产的地域饮食特点。闸坡地处广东南部，面对南海，其风味美食的海洋性特点突出。

风味美食的传承不仅需要烹饪群体的努力，以文字形式记录则是传承的关键，因此，地方美食文化的挖掘、整理和记录，就显得很有文化意义。美食文化的呈现实属不易，尤其是闸坡这类小区域饮食文化的挖掘和整理，是一件任务很繁重的工作。不仅需要熟悉地方文化，还要有热情和精力。杨计文先生是我熟悉的一位对地方文化充满热爱的地方作家，已出版有《闸坡印记》等著作。经过多年积累完稿的《闸坡风味》一书，系统梳理了闸坡多样的美食类型,其风味美食的描述,涵盖了食材环境、食材来源、烹饪特点、品味要诀等内容。如阳江豆豉蒸蒲鱼、海味粉丝煲、咸鱿鱼焖芋头、猪肠碌、炊笼等菜品小吃。读起来文字生动、趣味十足,勾起读者对品尝美食的向往,体现了作者对地方文化的熟悉和比较深厚的文字功底。

《闸坡风味》一书，无论是各类烹饪菜点，还是渔家街酒巷宴小吃，既是闸坡风味美食的真实写照，也是展示闸坡地方文化的重要成果。相信该书的出版，不仅可以提升滨海旅游目的地闸坡乃至阳江的知名度，对于增加游客的美食体验和旅游乐趣也将发挥良好的作用。

广州大学管理学院(旅游学院)吴水田

2021 年夏于广州大学城

吴水田教授

简介
Introduction

吴水田，博士，广东陆丰人，广州大学侨联副主席，广州大学管理学院（旅游学院）副教授、硕士研究生导师，曾任广州大学旅游学院副院长、中组部团中央第六批赴赣博士团成员、日本大阪大学文学研究科外国人招聘研究员，兼任广东省旅游标准化技术委员会专家、广东省导游人员资格考试口试考评员、广东疍民文化研究会副会长等。

主要开展文化地理、旅游规划、旅游企业管理方面的研究，主持和参与国家自然科学基金、教育部人文社科基金等科研项目十几项，主持《汕尾红海湾文化旅游规划》《广东旅行社业发展报告 2018》等多个社会项目，曾接受凤凰卫视中文台《南粤纪事》栏目《疍家的末班船》纪录片专访，曾获广东省第五届高等教育教学成果奖一等奖，出版有《话说疍民文化》《会奖旅游策划案例》《岭南疍民文化景观》等著作五部，在核心期刊发表论文近十篇。

自序

拙作《闸坡印记》2019 年出版发行后，引起读者们的兴趣，普遍反映良好，但有关地方美食的介绍，嫌有不足，读者们建议集中推介一下闸坡的地方风味美食，为人们进一步了解闸坡的饮食文化提供一个窗口。为了回应读者们的建议，我对数年前写下的一些文字进行了整理，补充完善，以《闸坡风味》名称成书，系统地介绍闸坡的地方美食。

海陵岛位于广东西部沿海，面积 108.89 平方公里，海岸线 107.13 公里，地处亚热带过渡气候带，人口约 10 万。这里四面环海、港湾众多、滩涂宽阔、渔业资源丰富、历史文化深厚，这是闸坡饮食文化积淀发展的前提条件。

因资源分布和历史的原因，21 世纪初，海陵岛存在两个乡镇，一个以农耕业为主的海陵镇、一个以海洋渔业为主的闸坡镇。2010 年之后，两镇合并，统称闸坡镇。因此，《闸坡风味》不止于介绍原来闸坡镇的美食，还包括原来海陵镇的美食。

闸坡镇的饮食文化兼备了渔农属性，但又以海洋为其最大特点与特色。随着闸坡镇的经济发展和文化对外交往日益提升，本土的饮食文化也在吸收融合中发展，但从来不改变自己的个性。

地方饮食文化个性，是一个地方居民对本土优势资源的基本态度。海洋丰富且鲜活的食材，既是大自然的馈赠，也是闸坡乡民创造地方饮食文化的先决条件。

食品烹调以色香味三个维度表达最高的境界。闸坡镇地方美食无法摆脱对大海鲜活食材的刻意追求，以贴近食材本质、贴近平民味道，表达最简约的料理。比如，在闸坡镇乡民的菜谱里，占据很大的比例的是"白灼""清蒸""水煮""干煎""揞汁"等烹调方式，调味料使用频率最高的也是"精盐""生抽""白糖""水淀粉"等。从这里我能感受到闸坡镇乡民饮食习惯与重口味地区人们的饮食习惯的差异。即便是广东地区，有很多地方的美食在烹调上使用各种酱料、添加料、增色剂，技巧上也有很多的选择，而在重口味与清淡二者中，闸坡乡民偏好清淡一些，回归本真。苏轼《浣溪沙 · 细雨斜风作晓寒》一词有云：“细雨斜风作晓寒。淡烟疏柳媚晴滩。入淮清洛渐漫漫。雪沫乳花浮午盏，蓼茸蒿笋试春盘。人间有味是清欢。”清欢是一种审美，也是一种美食味道。有美食家说：“最好的食材适用最简单的料理。”闸坡镇山海兼优，大自然提供了最好的食材，乡民坚持朴素简约、原汁原味的烹调理念，是客观形成的，也是优势资源决定的。

虽然文化交流融合为一个地方的饮食提供了多样选择，但乡民们始终坚定本土特色。正如阳江某些乡镇称“角子”的小吃，到了闸坡镇就改称“月薄包”，其内馅以本地最鲜美的小牡蛎为原料，立足于本土海产资源，也立足于自我审美意趣和口感。虽然小吃形态没有多大的不同，而风味却存在着差异，因此也就有了地方的特色。有许多小吃是随地方风俗而存在的。比如闸坡小吃“麻蛋”，这原是一款汉族小吃，很早就有，其他地方可能为单纯小吃而已，可在闸坡镇乡民的文化意识里，它与婚娶礼仪有着密切的联系。

麻蛋作为一种礼仪介质，承载着乡民们对丰衣足食的期许和交往的礼数。乡民习惯用合桃酥和麻蛋作为婚庆的礼饼，数量以千百个或十数担为体量，这已经不止于舌尖的需要了，已是浓重的乡风乡俗了。

民以食为天，这是自古至今的重大命题。饥寒的日子里，我们争取果腹；温饱的日子里，我们当然享受美食。享受美食的过程不仅仅是每个人生活的需要，还有地方经济发展的需要。我们是通过自身不断提高的物质需求来支持地方经济文化发展与进步的。

可以预见未来的日子里，将还有更多创新的美食出现在我们的生活当中，而传统美食则是一切创新的基础。我们在回顾与传承中，坚持发扬与创新。

对地方美食的认知与研究自认还不够深入，还有许多本土的风味及特色未能总结展现给读者，《闸坡风味》难免不足。因此，欢迎读者们批评指正！

2021 年 3 月

闸坡渔村风光

捕捞渔船

渔民辛勤劳作

千帆起航

海岛垂钓

疍家喜宴

闸坡开渔节千人宴一

闸坡开渔节千人宴二

目录
contents

Chapter 01 第一章 清蒸、白灼、清煲、炭烧、凉拌、糖醋

Chapter 02 第二章 焖、煎、炒、炸、焗、揞汁

Chapter 03 第三章 清汤、海产药膳汤

Chapter 04 第四章

焗饭、炒饭、粥

Chapter 05 第五章

小吃

道在孔学

第一章

Chapter 01

清蒸、白灼、清煲、炭烧、凉拌、糖醋

蒜蓉蒸龙虾

——不刻意的鲜味美

观察闸坡乡民许多重要的酒宴，用龙虾作主菜很常见，而制作上却很少有城市流行的什么芝士焗龙虾、香酥龙虾等风味。城市的风味当然好吃，还有几分中西合璧的味道。可闸坡乡民总嫌它做工复杂，丢了原汁原味。不管大小宴请，就是坚定蒜蓉蒸龙虾！

蒜蓉蒸龙虾已是闸坡乡民习惯的味道，不但图它好吃，还烹制简单，数十席大酒宴谋划到制作，既省时又省工，重要的是保持了龙虾的天然品质，原汁原味。没有比天然来得更好，更让人喜欢的了！

海陵岛南侧海区，龙虾的产量颇高。北洛湾铁帽仔小岛南面礁区海域，经常发现龙虾的踪影，渔民常在这里抓捕。因捕捞过度，龙虾增殖不多，个体显得小，这也由本地龙虾生物特质决定的。然而，本地龙虾比起进口龙虾好吃得多，市场售价高出一倍。进口龙虾虽然个头大，总嫌它肉质粗糙，啖食时颇似啃柴。相反，本地龙虾的肉质滑嫩，鲜美甘清，十分好吃！这可能与海水盐度的高低有关。盐度高海域的生物，需要更强大的排盐能力，肉质会粗糙一些，不大鲜嫩甘美。

龙虾在闸坡乡民的食谱里，长期占据重要的位置。宴会的美味只要有了龙虾，主人家就很有面子、酒宴的档次也被大大地推高。龙虾虽为海中珍品，其水土异味需要生姜大蒜制服。把姜蒜剁成碎末，下油锅炒一下，接着将它铺在龙虾之上提香。高温蒸气作用之下，姜蒜与油香渗透到龙虾的肉质里去，龙虾的鲜美被提升到极致。为不负这般美味，乡民给蒜蓉蒸龙虾起了好多个名字，比如“龙腾闹海”“威风八面”等，与喜宴的气氛融为一体，讨个热闹吉祥。

蒜蓉蒸龙虾

龙虾虽然好吃，如活龙虾一旦离开了海水就很快会死去。为保证龙虾进入厨房烹制前的鲜度，下锅前用海水将龙虾暂养起来，不停地供氧，保持它的鲜活。到了烹饪时，从水中捞起，快刀处置，和上好味，摆盆添上姜蒜末便下锅蒸起。

大量的水蒸气为龙虾沐浴，蛋白质洁白如雪、虾黄凝结如膏。当一勺滚烫的蒜味花生油再次淋过来，蓬勃出鲜香的气味，满口滑嫩甘鲜！更多的鲜美不止于此，龙虾的优质蛋白、谷氨酸钠在高温蒸气分解出的鲜美，融入汤汁里去，这些汤汁比起龙虾肉更加可口，风味更有层次。一小汤匙的蒜蓉蒸龙虾汁糅入米饭之中，饭粒就鲜美甘香起来，禁不住大口大口地贪食咽吞，连咀嚼都变得多余！

蚝訾蒸蛋

——礁石上长的甘鲜

住山靠山，居海靠海。海陵岛是广东第四大海岛，海洋资源丰富，人口 9.6 万，乡民既事农，也闯海。闸坡乡民的食品多来源于大海，就是海边的礁石上，也长满了许许多多好吃的东西。潮水把大海的珍馐留下给海滩和辛勤的乡民。蚝訾就是长在海边礁石上的美味，是乡民最喜欢的食物。

蚝訾学名藤壶，乡民也称它蚝触。它外壳坚硬，口子锋利，人们不小心碰上，就容易受伤。蚝訾附着在礁石或其他硬质的物体上，无声无息地长肉。无人岛屿礁区干扰影响它生长的因素不多，蚝訾就长得比较大，有的重达二三两。而生长在浅海礁石上的蚝訾，因人类活动的影响，加之潮水涨退有常，生长发育就受到制约，个体就不大，一般为手指头般大小。不管如何，不影响它成为美味。

蚝訾被很多人误作贝类生物，它真实身份是节肢类生物，破壳观察，其体内的软质肢足如须。但它不会走出蜗壳外，靠伸出蔓脚来捕食海水微生物长大。蚝訾的小鲜肉就长在蜗壳里,上头有一顶三角形的甲壳帽子盖住，隐藏得十分巧妙。

蚝訾吸附力强大,若用石块撞击它,会招致外壳破裂,取不到完整的“小鲜肉”。采收蚝訾时得从其底部下铲，“小鲜肉”才会完整保存下来。每到大退潮期，多有乡民下海取蚝訾。他们或潜入海底采摘，或绕海滩礁石察看，选个体大一点的铲下来。有村民以取蚝訾为副业，闸坡农贸市场可见到他们摆卖蚝訾，收入能应付某些生活开销。

渔民在礁石上取蚝髻

隔水蒸蚝髻蘸生抽

小蚝髻蒸蛋

春季海藻茂盛，微生物活跃，蚝䗜吸尽春天精华而肥壮。蚝䗜富含蛋白质，在优质海水环境下生长，没有不良水质及环境影响带来的异味。

烹饪蚝䗜，乡民喜欢简约、原汁原味。个体大一点的蚝䗜，可以白灼，隔水蒸煮 15 至 20 分钟熟透，破壳取肉，蘸点蒜味调味油或生抽品味起来，口感丰满，犹觉得鲜美惹味；小的蚝䗜可预先蒸熟，再加入蛋液，调入花生油、生盐、味精，隔水蒸上 8 分钟已是很鲜美了，很有海味大餐的感觉。而我觉得这种品味似乎有点奢侈，想到有些人从来就没有品尝过这道美食，他们见之会有何种的感受？

蚝䗜虽然好吃，毕竟是跟随季节而来的美味。每年立春至五月初，是品尝蚝䗜的黄金时间，若是错过了，就得等上一年。春天的海陵岛，景色明净优美，空气清新，到海陵岛踏青旅游赏美景，若遇上蚝䗜上市，可要抓住机会，尝一尝这一海鲜，体会这石头上长出来的鲜美味道。

牙蚶蒸粉丝

——有血有肉荤素菜

海陵岛浅海滩涂盛产特色海产，牙蚶是其中之一。海陵大堤西侧硬路村前海滩生长牙蚶，且有种群优势，产量也很高。这里曾经是阳江牙蚶重要的生产基地，每年牙蚶产量近万吨，效益很不错，对地方经济有贡献。

乡民也称牙蚶作泥蚶、血蚶、丝蚶。牙蚶富含蛋白质、多种氨基酸、维生素 C、微量元素，营养及经济价值是其他蚶类不可比拟的。它对辅助治疗缺铁性贫血很有帮助，因此市面售价一度高得惊人。随着产量的提高，需求日益满足，牙蚶的价格才有所回落，当下已是正常的价格了。

牙蚶的血质丰富。打开双壳，能见到蚶肉十分鲜红，鲜血欲滴，煮熟后血质变成了深褐色如絮状,很有营养的质感。乡民常用牙蚶煲粥给小孩吃，补充营养，增加身体能量。遇上牙蚶丰收，乡民吃牙蚶就不囿于少量品食，尽情开怀地品尝，犹感到富美。

牙蚶蒸粉丝作为地方特色菜由来已久，是乡民最喜欢的味道。然而，牙蚶丰富的血质若没有黏性强的食材吸附就会容易流失。粉丝作为豆类淀粉,高温之下黏性增强,容易吸收牙蚶的营养物质。粉丝本是一种大众食材，爽滑弹牙，有了牙蚶鲜味介入，就有了海鲜的味道。牙蚶蒸粉丝不但爽口鲜美，还经济实惠。因此它成为乡民喜欢的风味。

牙蚶保壳下锅与粉丝蒸起，能感受它真实的模样，给人视觉冲击，犹觉得原汁原味。牙蚶深陷泥土里，外壳多带海泥，下锅前得用洗刷器将双壳表层的泥土清除干净，保持食品卫生。

粉丝先用温水泡软，和入蒜蓉、姜末、花生油、盐、味精或鸡粉，搅拌均匀置瓷盆中均匀铺开，下锅隔水蒸起至熟出锅，将牙蚶排列在粉丝之上，再次下锅隔水蒸煮至牙蚶双壳打开即可。这般烹饪，是为了避免牙蚶因与粉丝熟化不一致，而导致牙蚶熟化过度，营养流失、蚶肉韧化。当牙蚶双壳打开后，添加少量花生油和一些蒜蓉提香，续蒸 2 分钟，让蒜味油香渗入蚶肉里去，撒上葱花提香即可出锅品尝了。一箸蚶肉，一箸粉丝，感觉此菜有血有肉，既荤又素，且鲜还滑，真是一道美味啊！

某些大排档做此菜时，先将牙蚶蒸过，把血水过滤掉，然后将牙蚶排放在粉丝上面，菜品虽好看了一些，但流失了牙蚶最营养的东西，最是不可取的。

牙蚶蒸粉丝

牙蚶

牙蚶蒸粉丝

清蒸斗嫁蝛

——将军帽下小鲜肉

说起斗嫁蝛，很少人认识；若说到将军帽，则无人不知。斗嫁蝛，俗称将军帽，为帽内科，暖水性生物，嫁蝛属，生长于潮间带礁区的岩石上，其肉甘甜鲜美。

斗嫁蝛的外壳似是清兵军官的帽子，帽下掩盖着一团鲜肉，那是斗嫁蝛的活体。斗嫁蝛用腹部吸附或行走于礁石上，故其是腹足纲软体动物门属。斗嫁蝛常在礁石上歇息停留，静候潮水，倾听潮语。它对海水质量要求很高，一般生长于 6~20 米等深线海区，以海藻为食。南鹏岛、海陵岛东部海区礁石上能见到它的影踪，闸坡马尾岛海区偶有它的影子，但个体很小，不足成菜。南鹏岛海区的个体硕大，肉质丰满鲜美。

小时候赶海，礁区里寻找美食，可见到斗嫁蝛匍匐礁石上，用手指轻触它的外壳，立马见到它紧贴礁石上，一动不动的，再想翻动它时，就无法做到，只好作罢。见到第二个斗嫁蝛时，改用尖锐利器，悄然贴近于它，趁其不备，直插其外壳与礁石之间微小的间隙里，迅速掀翻其体，即可捕获。由此我能想到，斗嫁蝛虽然是一个小小的生命，个性也顽强，容不得欺负，即便遭到灭顶之灾，也宁死不屈，保持气节。然而，因不可抗力而成为他人的美食，也只好任由美食家烹饪，为舌尖作贡献了。

斗嫁蝛生命顽强，而小鲜肉却脆嫩，又鲜又美。把斗嫁蝛清洗干净，置瓷盆之上，仰面排列开来，隔水蒸起 4 分钟，滤掉瓷盆上的水，再将滚烫的花生油制过的生抽姜蒜蓉铺向每一个斗嫁蝛上面， 下锅隔水蒸起，用

生长在礁石的斗嫁蝛

时 2 分钟，即可揭开锅盖，再把一勺蒜香油淋过，撒下葱花，便可出锅开吃品味了。

鲜美的斗嫁蝛肉在蒜蓉油香的提点下，鲜脆爽口兼弹牙，十分甘鲜味美，完全是海鲜最突出的味道。把一只斗嫁蝛小鲜肉放在舌尖时，就想到此物稀罕，不容错过，尝起第一口，就得跟上第二口了，接连不断地咀嚼开来，连啤酒也顾不上多饮一口。

斗嫁蝛全身是宝，外壳是一种中药材，可软坚散结，镇痛除痰；还可作为艺术创作素材使用。一顶斗嫁蝛的外壳，在人们眼前拟作一个将军的模样。想到此，就把它收入囊中，改天把它用在一个雕塑上，物尽其用。

蒜蓉斗嫁蝛肉

阳江豆豉蒸蒲鱼
——最是乡土风味美

阳江豆豉浓重甘醇的豉香，对很多食材都有亲和力。据说其他地方的人按照阳江人加工豆豉的方法，怎么也做不出阳江的风味来。可见阳江豆豉风味的秘密，存在于阳江大地的水土与气候里，这是不可移植的。阳江人喜欢吃豆豉，用它配菜几乎达到无所不及的程度，海鲜最常见是以豆豉相配。

当两种食材以最恰当的烹饪方式搭配做菜，产生的风味就无与伦比，若换一种烹饪方式，风味可能会改变。当烹饪方式确定之后，食材相配合理，有可能成就一款美食经典。阳江豆豉蒸蒲鱼便属于此一类。

阳江海区的鳐鱼，肉质白嫩，鲜美爽滑。乡民称鳐鱼作“蒲鱼”。蒲，阳江口语意为浮起。蒲鱼在海水中游动如风筝一样地飘动，故称鳐鱼。蒲鱼的营养价值很高，富含蛋白质，尤以肝脏含维生素 A、D、C 最多。蒲鱼的肉质呈缕条状，软中带嫩，十分爽口。在众多蒲鱼品种中，乡民偏好一种“王康蒲”，学名“赤魟”。这种蒲鱼的阳面呈土黄色，阴面呈白色，尾巴特别长，鱼背部长有毒性的尖刺，一不小心被它碰伤，就十分痛苦。民谚有“一康，二虎，三虫蒙，四金鼓，五蟹，六蠘，七鬼婆”之说。康、虎、蒙、金鼓等鱼外露的尖刺都有毒性，会对人造成伤害，以王康蒲鱼的毒刺给人造成的伤痛最难忍受，排在第一位。所以处理王康蒲鱼时，一定要小心其背部至尾巴的刺。王康蒲鱼的肉是没有毒性的，而且很鲜美，营养价值很高，搭配酸菜也是闸坡的一大特色菜，若以最佳风味论之，豆豉清蒸蒲鱼的风味更加鲜美。

阳江豆豉蒸蒲鱼

大豆经过发酵，豆子变得软绵，阳光下转化，浓缩营养与风味。豆豉里的谷氨酸钠在发酵中分解出来，提升搭配食材的鲜美度，还能除掉腥味。清蒸可在锅内积聚强大的热效，将鱼肉营养及鲜味锁定，很好地保留了蒲鱼和豆豉的营养与鲜美，故犹觉此蒲鱼的口感滑嫩甘鲜。

寻味市场或渔码头，偶得一尾活鲜王康蒲鱼，而且是两斤重以下的，下意识唯清蒸好吃。除掉蒲鱼的内脏，保留肝脏，清洗干净备用；豆豉泡软捏烂，与姜末、蒜蓉、精盐、生抽混合成酱，抹到蒲鱼身上入味；用瓷盆将蒲鱼装起，下一汤匙花生油去腥；烧开锅内之水，将蒲鱼放进锅里，隔水蒸制 10 分钟即可出锅，撒上葱花就可以品尝了。

豆豉蒸蒲鱼滑嫩甘醇，热温未散尽之时品尝，风味更佳，更好地诠释这份美食的诱人味道。

阳江豆豉蒸蒲鱼

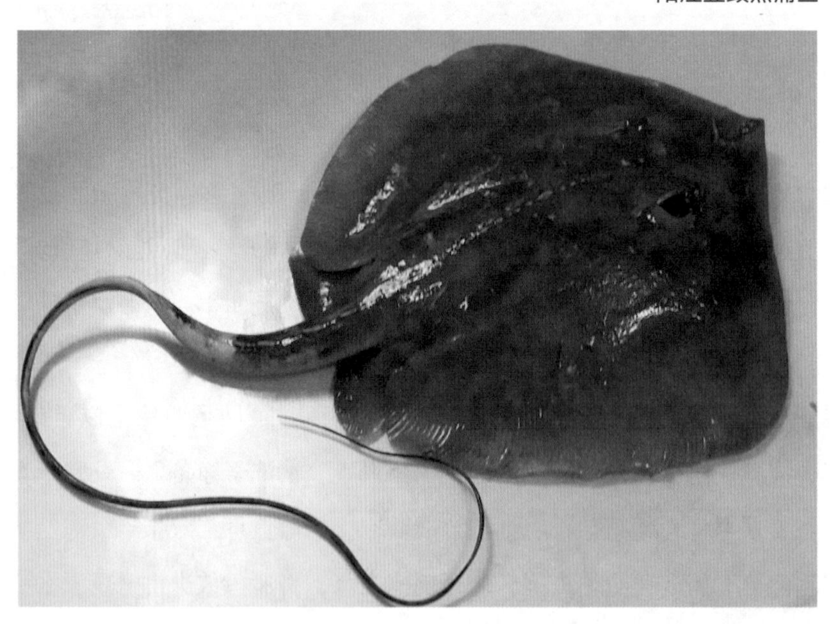

鲜活蒲鱼

花涂鱼蒸豆豉

——跳跃的滩涂之鲜

在海边滩涂红树林下，常见到一种身上带着暗蓝花点，手指般大小的鱼在泥滩上面爬行或跳跃，要想抓住它十分困难。乡民称它“花涂（阳江话读音：爹瓢，切）鱼”，有的地方称弹涂鱼、跳跳鱼。花涂鱼在海陵岛北侧滩涂有所分布，在硬路村前的海滩有一定种群优势。

花涂鱼动作敏捷，跳转得很快，每有触动，就窜进洞穴里去。渔民在海滩上预设笼子作陷阱，以饵料引诱花涂鱼进入笼子里觅食，从而捕获。

花涂鱼蒸豆豉

花涂鱼特别鲜嫩，煮熟后它的肉骨很容易分离。当鲜美的花涂鱼被送进嘴里去时，闭合两唇，筷子夹着鱼头从两唇之间轻轻地拉出，鱼肉就留在嘴里，满口甘鲜。当然，花涂鱼骨头也有丰富的钙质，也是一种营养。

花涂鱼富含蛋白质、脂肪、多糖、无机盐和各种维生素，可舒筋活血、滋补肾虚。乡民多用花涂鱼搭配黄芪、党参、枸杞、白术煲汤饮食，提高身体免疫力；也用豆腐、香菱搭配制汤，口感极其鲜美。若有足量的花涂鱼，用豆豉搭配清蒸，别有一番鲜美。这是乡民经常品尝的味道。阳江豆豉甘鲜醇厚，花涂鱼为本地特产，两者搭配突显地方风味特色。

将姜片切成丝、蒜头剁成蒜蓉、豆豉一撮备用。用剪刀剖开花涂鱼的腹部，取出腹内小肠，再用精盐轻抹一下鱼身，然后将花涂鱼有序地排列在瓷碟上，撒下豆豉和姜丝、蒜蓉便隔水蒸起，约 8 分钟出锅，除去多余水分后，一小勺蒜味花生油淋过，撒上葱花提香即可开吃。

花涂鱼蒸豆豉，让小鲜肉散发出诱人的鲜香；豆豉甘鲜醇厚之味让鱼鲜发挥到极致。当一箸小鲜肉送进嘴里去，那富有层次的鲜美在舌尖上跳跃，一时难找到语言来形容它，唯有赞美！

鲜活花涂鱼

花涂鱼的生活环境

咸鱿鱼猪肉饼
——渔家风味之经典

如果要在闸坡风味中选出有代表性一款美食,则无法回避咸鱿鱼猪肉饼。无论找哪一个年龄段的闸坡人询问，心目中最喜欢的乡土味道都是咸鱿鱼猪肉饼，这一味道最能下饭。

咸鱿鱼猪肉饼是闸坡渔港的一道传统名菜,品尝者交口称赞其甘香可口,回味无穷。笔者到过省内好几处渔港，鲜有咸鱿鱼猪肉饼这道美食，即便有，也没有闸坡乡民制作出来的味道，窃以为闸坡渔港的风味最好。

闸坡渔港历史上较早开拓了水产大贸易，出现过一批专业做海产买卖，或投资深海渔业生产的渔商。他们来自珠三角，生活很富裕，特别爱美食。当老板们发现咸鱿鱼搭配猪肉共烹出的甘香风味无法抗拒时，就喜欢上这一味道了。他们请船工们加工一种更适合制作肉饼的咸鱿鱼。老板们深知，制作咸鱿鱼猪肉饼以选用小鱿鱼为佳，小鱿鱼比起大鱿鱼更加鲜美甘香。

腌制小鱿鱼讲究方法，要掌握小鱿鱼的特性及腌制过程中的微妙变化。船工们这样做：先用轻盐将新鲜小鱿鱼的水分消除掉，改用陶罐将小鱿鱼加盐密封阴凉处储藏起来。当罐内的温度逐日升高，小鱿鱼的营养物质就逐渐分解,产生了独特的风味,与五花肉搭配一起时,就有了舌尖难以抵挡的味道。

清洗干净小鱿鱼表层的盐巴，除掉小鱿鱼的眼睛和墨，按三成比例与五花肉混搭剁成肉泥，以略显颗粒状为佳，咀嚼时更有鱼香与肉香。有人为图省事，用机械方法制作咸鱿鱼猪肉饼，口感就大打折扣。机械转动产生一定的

油煲咸鱿鱼猪肉饼

生的咸鱿鱼猪肉饼

热量，直接对蛋白质和脂肪产生不良的影响。因此，渔民宁愿苦累一点，也要用刀工剁碎咸鱿鱼与猪肉，保留一定的颗粒状，更有咀嚼的质感和真切的鲜香。将剁好的咸鱿鱼猪肉饼加点味精，用小瓷碟铺起，配上姜丝，隔水蒸煮 10 分钟，撒上葱花即可品尝。

咸鱿鱼猪肉饼风味能否诱人，咸鱿鱼的品质最为重要。使用不好的咸鱿鱼、搭配比例又失调，都会影响其甘香可口的风味。

海陵岛是海滨旅游胜地，做好饮食服务可推动旅游业的发展。咸鱿鱼猪肉饼作为地方美食，近年来在烹饪上多有创新，不断推出新风味，如油煲咸鱿鱼猪肉饼、干炒咸鱿鱼猪肉饼等，较蒸制的做法多了一分焦香，对食客更有诱惑力。

咸鱿鱼猪肉饼因价钱不贵又好吃、有真正的地方特色而受到游客的欢迎。但有些大排档为了降低成本,粗制滥造,使用品质不大好的小鱿鱼制作,影响了这道传统名菜的风味与形象，这是不应该的。

白灼花蟹

——唯简单可品真味

阳澄湖大闸蟹打造了一个神话，全国人民都喜欢它。文人把大闸蟹与秋天赏菊联系到了一起，使大闸蟹有了文人的雅致和诗意。若论好吃，南海浅海区里自然生长的花蟹毫不逊色。比较二者，大闸蟹的风味在于蟹黄；花蟹的风味在于嫩肉。前者被文化人强化；后者疏于宣传。而花蟹至今还未能人工养殖，吃到的倒是天然品质。

花蟹，是梭子蟹的一种，阳江人俗称“蠘”(阳江话读音：赤若，切)。雄蟹外壳呈蓝色碎花状、雌蟹外壳呈草绿色碎花状，两者阴面均为白色；雄蟹阴面掩盖尖小、雌蟹阴面掩盖圆大；雄蟹个体较雌蟹大一点，口感更胜一筹。

我以为海陵湾的花蟹比起其他产地的花蟹风味会好一些，其中，又以海陵大洋海区的花蟹品质最优，清甜甘美。漠阳江、丰头河大量河水出海，使得海陵湾海水盐度变低，非常适合花蟹的生长。正因为如此，海陵湾花蟹外壳颜色较阳江海区以外海域的花蟹颜色鲜艳一些，壳质更薄。这是判断是否海陵湾花蟹的依据之一。阳江本地花蟹肉嫩甘鲜，市场上售价比其他产地的花蟹高出一些。海陵湾年产花蟹50万斤左右。由于近年捕捞过度，产量也急剧减少。

花蟹多在夏秋两季频繁活动觅食，因而肥美。这个时候是品尝花蟹的黄金季节。小时候下海捉得几斤花蟹多留给自己品尝，吃花蟹已是乡民日常的品味。

花蟹

白灼熟了的花蟹

肥美的蟹膏

一只花蟹，可以烹饪多种风味，如白灼花蟹、蒜蓉蒸花蟹、姜葱焗花蟹、盐焗花蟹、花蟹肉羹、花蟹粥等。不管哪一种吃法，花蟹给人的感觉就是鲜美甘“甜”，这种甜是野生花蟹无与伦比的味道。

最简单的制作方式当属白灼花蟹了。这是闸坡乡民最喜欢的风味。有美食家认为：高档的食材，往往适合最简单的烹饪。乡民吃遍海中珍品，对海味的认知最为深刻，他们常常用白灼的方式对待大海珍馐。

白灼花蟹没有烹饪难度：用清水冲洗一下花蟹，原只放锅里隔水蒸煮约15分钟可熟。一般情况下，花蟹下锅后，因受蒸气的刺激，蟹爪容易脱落，品相不大好看。下锅前在蟹爪靠近躯体的软节上锥一下，蟹爪肌腱收缩下来，它就不会轻易脱落了，出锅时的品相就会好看一些。

同样是秋菊盛放的季节，花蟹肥美。半夜下海，用垂簾网或装笼捕获花蟹若干，就想到白灼。蒜蓉、生抽、蚝油、花生油，调成酱料置于餐桌之上；添一杯老酒，坐等美味酿定，消磨起一段休闲时光，走一段舌尖品美的历程：翻开熟化的花蟹外盖，将蟹身掰成两段，卸掉蟹腮，拆解蟹肉，蘸着调味料，慢慢地品尝起来，不由感叹，唯有天然且鲜活的花蟹，才配得上白灼。

白灼沙虫

——以速度把握味道

有一年，我下乡扶贫，对象是个种田兼挖沙虫糊口的村民。他家六口人，孩子上小学，两个年迈老人，一个久病的妻子，劳力就只有他一个，除了种几分水稻田之外，业余挖点沙虫补贴家用。沙虫售价虽然很贵，可它的收获季节性很强，每次的收益又不多，补贴也就很有限，一家人生活过得很

渔民海边挖沙虫

清苦。这个村民为人老实，吃苦耐劳。我们除了帮他谋划种好水稻，保证吃饭之外，还帮助他搞特色生产，承包了别人丢荒的 7 亩闲置水田种珍珠马蹄，鼓励他继续挖沙虫，增加补贴。他每次收获沙虫，我们都以市场最高价格买下来，目的是鼓励他。经过几年艰苦努力，他家渐渐摆脱了贫困，建起了一间房子。他也因此成了当地脱贫致富的个人先进典型。

沙虫，学名方格星虫，多在略带泥质的浅滩上生长栖息。海陵岛北汀湾海滩、北极村海滩、力壁海滩、马尾岛海滩等处均有分布。近几年还有人从事专业养殖沙虫，增加经济收入。

沙虫深藏于沙土里，它虽然是软体动物，在沙土里蠕动的速度却很快，捕捉它不容易，必须循着它的踪迹，快速深挖沙土才能捕捉到它。因此，渔民称捉沙虫为挖沙虫。

沙虫的形状有点像陆地泥土里的蚯蚓，通体布满方格状的纹理，故称“方格星虫”。沙虫富含蛋白质、谷氨酸钠，脂肪和钙、磷、铁多种营养元素，肉质很是鲜美，口感也十分爽脆。它的食性偏寒，味甘、咸，可滋阴降火、清肺补虚。由于产量不高，市场需求量又大，价格就一路飙升。

鲜活沙虫

白灼沙虫

沙虫的神经很是敏感，小小的触动，就会致其蜷曲一下，清理其内脏时不好把握。沙虫以觅食沙滩水体微生物长大，体内多藏有微小沙粒，影响口感，烹调前得多次清洗。渔民习惯在水中下一点花生油，使沙子在滑油的作用下清除。沙虫不耐煮，用火过度，口感就会变得又柴又韧。

当地渔民总结品食沙虫要做到“四快”：捕捉沙虫的动作要快,动手过慢，就难以捕获；清理沙虫的内脏时操作要快，快速捅穿虫体，将其里子向外翻出，才能清除其体内的沙子；烹调沙虫的手法要快，烹煮用时不宜过长，以免影响口感；品食沙虫时咀嚼要快，尽管清洗用尽了办法，但总会留有死角，会有零星的沙子感，虽然于健康没有太大的问题，但感觉不爽快。只有快速咀嚼，才可避免不适应。这真是一种心得，佩服老渔民的智慧。

乡民喜欢白灼沙虫。大火烧开高汤，沙虫于高汤中小煮约 4 分钟捞起装盆；油锅重新热起，下花生油、姜丝爆香，添加少许高汤作汁，下精盐、鸡精提鲜，用水淀粉略加增稠收汁将沙虫泡起，撒上几颗枸杞子、小撮葱花即可品尝。

因把住了火候最佳的尺度，沙虫的肉质不至于老化，口感十分鲜美爽口；枸杞的添入，增加了白灼沙虫的滋补作用，还改善了菜的品相，不但好吃，也十分好看。

盐水沙螺

——双壳海鲜的代表

海边长大的人，颇有无“鱼”不成餐的感受。这里的鱼，泛指海产。要做到每餐海鲜，赶海也就成了常态的寻味活动。

闸坡马尾海滩地处海陵湾入海口的东边，这里既有一马平川的沙滩，也有乱石惊涛的石滩，但都是赶海的好地方。太阳西下，夕照铺满整个马尾海滩，一幅金色秀美的图画，展现在赶海人的面前。这里真是一片黄金海岸。

马尾石滩的海螺特别多,品种还不少。它们总潜伏在潮水最边沿的地方，跟着潮水进退，又半遮掩地让你看见它的影踪，还伸手可拾。除此，浅水沙滩上也隐藏许多双壳类的海产，比如沙螺、文蛤、斧蚶。美味总在潮期与你打招呼，还走向你的舌尖。

农历上半年每个月的初一或十五日的下午，潮水跟随着太阳西下而退却，沙滩就裸露在晚色之中。赶海人都在沙滩上低头漫步，寻找心中最理想的美味——沙螺。人们从沙螺外露的痕迹判断它的存在。那是一个不容易发现的痕迹，浅水波纹掩盖之下时有微小的动静。只要能辨识，就把手伸入沙土里去，使劲快速掏挖浚深，寻找那最美的海鲜。沙螺外壳很锋利，一般人不能轻易伸手掏取，容易割伤手指。经验丰富的赶海人，把手掌伸到一定的深度时，就小心接近沙螺，凭借多年积累的经验与敏感，回避沙螺双壳刀锋，把美味掏了出来。

盐水沙螺

沙螺学名尖紫蛤，在我国福建和广东沿海都有分布，多在江河出海口沙滩水域栖息觅食，海陵岛北汀湾海滩、北极海滩、力壁海滩、马尾岛海滩都有它的踪影。沙螺很得人们的眼缘，如合掌的外壳，抱起一坨小鲜肉，会让人们想到它的美味。沙螺生长在沙土下，吸管里含有大量的沙子，不容易清除。刚抓回来的沙螺得用海水泡养一整夜或更长时间,其吐尽沙子后，才可烹制品食。

沙螺搭配猪舌、榨菜清蒸，很有野味的感觉。榨菜不仅保持沙螺的鲜，还使沙螺的鲜美提升到另一种风味。但乡民还是喜欢盐水白灼沙螺多一点，骨子里就是喜欢原汁原味。这对吃惯海鲜的乡民而言，唯此才称得上享受。

取吐净沙子的沙螺若干备用；姜片三大片、胡椒少许；姜片在油锅下爆炒片刻，撞入高汤，下胡椒数粒烧得汤水浓郁，再下沙螺煮起约 3 分钟，调入精盐、鸡粉和少许水淀粉提鲜增稠，装盆下葱段增香就可品尝了。

沙螺肉鲜嫩，烹饪时间不宜过长，简单调料，能保留沙螺天然鲜美和爽脆的品质；胡椒、姜片祛腥增加了盐水沙螺风味的层次感；水淀粉调入增稠，给沙螺肉包裹了一层鲜美的浆，品味时的感受只有一个字——鲜！

挖沙螺

油泼石斑鱼

——满口打滑香鲜美

没有人不喜欢石斑鱼的。不用说它有多鲜美，单是它斑驳的外表，丰腴的样子，无不撩起人们强烈的食欲。

石斑鱼作为一种高级食用鱼，是乡民重要酒宴的主菜，唯有它才与满桌佳肴相称匹配。石斑鱼营养丰富、肉嫩爽滑鲜美，它在乡民食谱里的地位总是靠前的。每 100 克石斑鱼肉含蛋白质 17.7 克、脂肪 1.7 克，除了含人体所需的氨基酸外，还含有多种无机盐和铁、钙、磷等元素。

海陵岛南侧海区有石斑鱼资源，从事矶钓的渔民常常钓到它。早在 20 世纪 80 年代，闸坡渔民已开始养殖石斑鱼了。旧澳海上渔村就是石斑鱼的养殖基地，这里有数万平方米的海水养殖面积，每年生产石斑鱼多达万吨。大量的石斑鱼不但销向港澳，还供应深圳、广州、珠海等城市，给海陵岛渔业、旅游业、餐饮服务业创造了一定的经济效益。

闸坡乡民喜欢吃石斑鱼，传统烹饪多以清蒸或清煲为主。传统风味虽然不错，人们食多了，也就想改变一下口味，搞点创新。“油泼石斑鱼”突破了传统制作，以鲜嫩爽滑口感走俏于各种酒宴，走进人们的舌尖，得到广大消费者的欢迎，渐渐地成为当地高档宴会的首选菜。

油泼风味

石斑鱼肉拌生粉

“油泼”，就是烹饪中给石斑鱼增加一定的油脂，增强鱼肉的润滑口感，改善鱼肉的腥味，避免了传统清蒸或清煲容易使鱼肉老化的毛病。油泼是在极短的时间内促使石斑鱼进一步熟化，营养物质最大程度保留下来，不因烧煮过度而流失营养。但是，油泼石斑鱼对选材很重要，乡民多挑选重量 2 市斤的石斑鱼制作油泼风味。这种鱼发育已是成熟，肉质不粗糙，售价不高，菜量不大，一桌 10 人品食不至于剩余浪费。

把一条石斑鱼放在案板上，大厨师就操刀刮除鱼鳞，清除鱼内脏，清洗干净鱼身，剖下鱼肉；取下鱼头与鱼骨斩件置瓷盆之中，组合成整鱼的样子，打开鱼口造型，隔水蒸起 8 分钟出锅，滤掉盆中的蒸馏水，重新调整鱼头鱼骨摆件，使之更好看一些。接下来，将鱼肉切成 1.5 厘米厚度的鱼片（太薄容易碎化、太厚不容易熟），用清水冲洗掉血水和杂质，加入精盐、味精、鸡粉等佐料，添上生粉、蛋清轻揉上浆备用；高汤烧开，将鱼片倒入高汤中烫煮，约 5 分钟后捞起，放进蒸熟的鱼头鱼骨摆件中，盖住鱼骨、露出鱼头鱼尾；将香葱切成葱花或葱丝，撒在鱼肉之上；舀起姜蒜味花生热油，淋向鱼肉鱼头，让油温将鱼肉进一步攻熟入味；鱼的周边添上适量的生抽提鲜增味，即可上席开吃。

去年冬天，朋友一家子自深圳来闸坡，与我共进晚餐。当面对满席菜肴准备开吃时，朋友下的第一箸便是油泼石斑鱼。朋友对我说：“长期居住深圳，吃过各种方法烹饪的石斑鱼，算这一次的风味最好。体会有两点：一是闸坡的石斑鱼品质好。虽然是养殖鱼，但喂的是鱼料，有野生鱼的品质；二是油泼石斑鱼原汁原味，口感非常爽滑鲜嫩，比起清蒸或清煲好吃很多。”朋友呷了一口酒，接着说：“这样烹饪，缩短了鱼肉受热的时间，鱼肉营养极少流失，熟化得刚刚好。当一勺香油泼过来，每一片鱼肉就香滑起来了，还消除了腥味。”说话间，一条石斑鱼被朋友一家子消灭得干干净净，连那张口獠牙的鱼头，也只剩下一堆碎骨头。见到朋友对油泼石斑鱼如此评价，心里几分得意，无不为闸坡乡土风味感到骄傲！

海味粉丝煲

——一丝一缕皆海味

过去，疍家人在小艇上生活，“一头火灶一头床”，空间十分逼仄，只凭一顶竹篷，一支橹桨，三尺多宽的小舟，就风里来雨里去，披星戴月闯海漂泊。要在小艇上烹饪美食，条件不大允许，也不利索，日中三餐也只好简单地煮食，习惯“一镬熟”“白灼”，简简单单地烹饪。疍家人吃海鲜，生猛活鲜居多，有时是现抓现煮。“一镬熟”“白灼”能把生猛海鲜最鲜美的东西保留下来，口感自然不错。简单的烹饪已成为小船生活的一贯式，渐渐地成为疍家人的品味习惯。

海上饮食因条件限制，无法做到每餐蔬菜，若备下一点蔬菜，也只能满足一两顿饭而已。然而，粉丝则可提供一定的维生素和淀粉，改善过多的鱼类蛋白摄入，对人体也很有好处。粉丝是由淀粉加工熟化晒制而成的，可长久放置不坏，还不占用地方，而且口感爽滑，对于船上人家饮食十分合适。海上生活用粉丝制作佳味,唯有海味可供选择。粉丝煮熟后小有韧性，颇像鱼翅透明爽滑，入口有满足之感，配上海味，就更有风味了，疍家人很喜欢这样的味道。

下网捕鱼，小鱿鱼小虾都不缺，多余的都放在日光下重构味道。小鱿鱼小虾脱水之后，海产味道变得更加浓重，对其他食材具有强大的覆盖力，深刻地改变相配食材的食性和味道。当海味与粉丝相遇，且在猪油的润滑之下，就更加可口香爽了。

海味粉丝已成为疍家人最喜欢的味道。疍家人上岸定居之后，结束了海上漂泊，舌尖的品味习惯却没有改变。家庭摆酒宴，海味粉丝是必选之菜。当一碗海味粉丝端上席来，未及宴席出完菜，早已被小孩子们一扫而光了。小孩子爱吃海味粉丝，喜欢它的味道与爽口。那时的海味粉丝还没有煲的形式，多是揞汁的风味，后来，才改用焖煮，多加了猪油以润滑。后来才增加了煲的烹制。

海味粉丝煲

海味粉丝煲配料

观察海味粉丝煲的制作，全过程多是焖煮，到了将近出锅时，才改用砂煲盛起，回一下火罢了。别小看这小小的回火，它能使海味与油脂更深入地融合，一丝一缕的粉丝饱含着大海的味道，变得更加鲜香味美可口。

烹饪海味粉丝煲并不复杂：粉丝先用温水浸软；虾米、瑶柱、蠔肉、鱿鱼丝、五花肉（切成肉柳）、姜片、蒜子、葱花等备用。油锅烧起，下适量的猪油、蒜子、姜片、葱白爆香；下海味爆炒，调入生抽、蚝油、盐、味精、白糖拌炒均匀，加入适量的水煮开后，再下粉丝煮至透明柔软，调入水淀粉收汁上砂煲，或再次回炉烹焖，让粉丝更加油润光泽爽滑。当味汁已变稠，海味蓬勃爆发之时，就撒上葱花，可供上席品味了。海味粉丝煲是否可口，关键在于糖的精准点缀，还有适度的油脂。

如今，海味粉丝煲已是闸坡酒楼餐桌的常态配菜。当下海味供应充足，配菜成本不高，风味还不错，酒家也就十分推崇这道菜，甚至成为旅游团餐的首选菜。

风味腊鱼

——风情共与腊鱼香

小雪到冬至的气温一般都很低。大地寒风劲吹，空气干燥且干净，为腊鱼提供了绝好的时机。这段日子里，渔船都集中深海耕作，捕捞产品多有金线鱼和红鲷（红鱼）。这些鱼有些被渔民在寒风中吊起腊干，为即将到来的深冬初春休渔期家庭伙食囤起美味。

一场干燥寒风即将到来。邻居大婶子就把“晒棚”打扫得干干净净，把竹篙架起来，准备腊鱼了。渔船陆续回港，大婶子下到船来，挑了几十斤的金线鱼制作腊鱼。她知道，每到寒冬时节，金线鱼体内储存了大量的脂肪和营养，制成腊鱼口感就特别好。有一年省城里的亲戚过来，品尝过腊制金线鱼，一直叨念着要吃腊鱼，说腊鱼的味道是真正的海味。大婶子知道亲戚虽然富裕，但城里的食物，没有乡下的来得丰富、天然又好吃。所以得抓紧时间，腊上几条金线鱼送到省城亲戚家里去。

渔民老张心中也挂念着明年春水起时，出海不多，家里会缺少餸菜。他在船上利用作息时间腊鱼。老张将鱼鳞刮掉，剖开鱼肚，取出内脏，清洗干净之后，就用粗盐腌制半个小时入味，再清洗一下，用干布块吸干鱼肚内外多余的水分，找了一条绳子把鱼从腮胛至鱼嘴穿起，悬挂风口处低温脱水四天。老张称这种晒制是“串竹”。其实陆地人家用刚竹串起鲜鱼风干的，才是真正的“串竹”。不管哪一种方法，腊鱼的风味还是一样的。

寒风和阳光在每一条金线鱼身上刻下了蛋白质浓缩的肌理。把金线鱼切出一个横断面，能看到细密且透明的质感，似是风干的柿子肉的肌理，轻闻有一股鲜香的味道,这是上等的腊鱼,唯这样的品质方可烹调出美味来。然而，以天气求美味，风险很高，腊制过程若遇上坏天气，那是非常糟糕的事情了，腊鱼不成，美味也吃不上，还得赔钱。真正腊好一条鱼，天气很重要，所以渔民主要靠天吃饭。当然，当下许多腊鱼是用火烘干的，品质及风味与真正风干的腊鱼不可等同。邻居大婶子就是这般认为的，她得赶上这趟寒风把鱼腊好。不消五天，大婶子晒棚上的鱼已经腊好了，鱼香飘到巷头都能闻得到。第二天，快递员就上门来收货，一大包足有十多斤的腊鱼寄往省城里的亲戚家。邻居大婶子电话叮嘱亲戚要把腊鱼放进冰箱里保鲜，若外露时间过长，惹得鱼油外溢，肉质变黄，就会影响口感。亲戚电话里回应不迭。

腊鱼切片清蒸

风味腊鱼

收获几尾优质腊鱼来之不易，不管选择哪一种烹饪方式，都是美味。老张几十年的品味不变：他放几块腊鱼至小砂锅中，注入适量的花生油、少许的清水、几块姜片、几粒大蒜，就小炉文火慢烹起来。姜片、大蒜、花生油在热效中传递辛香，消除腊鱼的腥味。油温持久强劲将腊鱼的鲜香牢牢锁住，打滑，与辛香共同构筑清爽的口感和鲜美甘香的味道。老张说，还有一种吃法，就是清蒸腊鱼：将腊鱼斩件，放进瓷盘中，铺上姜丝、蒜蓉，加入花生油和半汤匙生抽，隔水蒸制 10 分钟起锅，撒上葱花开吃。那是一种甘鲜的风味。清蒸腊鱼较油煲腊鱼更能保持腊鱼的清新感，鲜美的风味更加突出。难怪老张说："宁吃一尾腊鱼，不吃十斤新鱻（xiān）。"我觉得不无道理。新鱻易得，腊味难求。想得到好食材，还要靠好天气才行。美食与天气是密不可分的！

油煲盖苏文鱼

——别样的甘香美味

记得有一年冬天，家里正发愁没什么好吃的，谁料出海的吴叔给我家拎来了一大串腊干的盖苏文鱼，这下可把母亲乐坏了。她对我说："这才是好味道呢！"那天晚餐时，母亲将盖苏文鱼剥了皮，鱼肉掰成鱼柳，放到一个陶盆子里，用花生油煎起。那鱼肉真的十分好吃，至今无法忘记。时光过去了数十年，每当想起那股美味，依然不由自主地流下口水。

很多人不知道盖苏文鱼长啥样子，只知道它风味独特。盖苏文鱼学名豹鲂鮄鱼，是深海里一种游水速度极快的鱼类。其外貌样子凶猛，形态丑陋，头部坚硬如石，身上裹着一层鳞甲。闸坡渔民把它比作历史上某国军事独裁者"盖苏文"，而得此名字。盖苏文鱼的外皮鳞甲暗藏锋利，鱼肉却甘美筋道，腌制之后，散发出一股特别的鱼香。

风帆动力时代，渔船航速不快，捕获盖苏文鱼不多，被视作高级食材。过去，家里没有冰箱，食物保质不大容易，渔民只好将腌制好的盖苏文鱼，挂于寒风中脱水腊干储存起来，作为家常备菜。

盖苏文鱼成了渔家秋冬的菜。那像鸡肉结构的鱼肉，丝丝缕缕激发人们的食欲，即便是渔家人吃尽海中之鱼，对盖苏文鱼依然有着浓厚的兴趣。总记得：屋外寒风呼啸，屋子里一家人围坐餐桌前，家父用土炉将盖苏文鱼烤起来，然后剥下鱼皮，把一缕缕的鱼肉撕下，放进有花生油的陶盆子里，文火轻煎起来。渔民称这种烹饪为"油煲"。不用多久，盖苏文鱼已是外焦里嫩了，鱼香味犹浓。细品鱼肉，一股甘香悠长。家人在暖暖的炉火中说艰苦，话生活，品风味，享受着亲情倍浓的时光。

腊干的盖苏文鱼

油煲盖苏文鱼

如今，渔船机械化了，航速飞快，遇上盖苏文鱼鱼汛，就可以大宗收获，并成为冰鲜鱼品。年轻的渔民,喜欢新品味,冰鲜的盖苏文鱼隔水蒸熟之后，剥下鱼皮，撕下鱼肉，蘸上姜蒜末调成的花生油和生抽酱油品尝起来，堪称极品；也有用葱段拌炒“一夜水”风味盖苏文鱼，能下几盆子白粥。

当下渔船生产讲究效率，缺少精工细作，渔民不再把腌制的盖苏文鱼吊起风干，制成传统特色的腊鱼了。白灼盖苏文鱼或葱段炒盖苏文鱼则很符合当下人们的生活节奏和品位。

盖苏文鱼在闸坡很有市场，不论大小饭店、家居餐桌都有它的影子，烹饪也百花齐放，各有特色。盖苏文鱼制作出来的美食早已是闸坡风味的一大特色，来客很喜欢它那独特的风味。

盖苏文鱼

腊干的盖苏文鱼

炭烧大眼鲷

——穿越焦香再回甘

闸坡乡民食鱼有时选择炭烧，比如炭烧大眼鲷、炭烧盖苏文鱼、炭烧鱿鱼等。炭烧能使普通食材吃出新味道，享受一份美食，还可安置一段闲情！

扬帆逐浪，闯荡天涯，航海结束，渔船休整，同船伙计得以安闲下来，就围炉而坐，把一条咸淡适中的大眼鲷鱼，从船舱里取出来，架到炉火上焙起。当鱼香四溢，美酒就斟满，众人开箸，把外焦里嫩的鱼柳蘸上姜蒜味花生油，送到舌尖上去，美美地品味和享受起来！鱼香绕着舌尖，抿下一口烧酒，伙计们就把心里话拉了出来。你一言我一语地说着经风闯海，出生入死，同船伙计当是兄弟，今生有缘同事，美食美酒当然与之共品……饭桌上心灵沟通，友谊与美食同频共振，气氛在一条炭烧大眼鲷鱼的风味之中浓重且沸腾热闹起来！

大眼鲷鱼俗名大眼鱼，学名红目鲢鱼，属暖水性底层鱼类，分布于西太平洋、热带及亚热带海域，我国南海常年可以捕捞，秋后鱼汛较为集中。大眼鲷鱼含维生素 A、E 和丰富蛋白质，口感鲜美，多肉少刺，因此而成为重要的经济鱼类。

20 世纪 70 年代，又总是秋后，风帆渔船开赴 100 多米水深的海区作业。渔民以拖捕或手钓，捕获大眼鲷鱼。鲜活的大眼鲷鱼抓上来，被重盐掩埋起来，第二天放到寒风中风干脱水之后，再次投进盐舱里重盐深藏。渔船回港时，把大眼鲷鱼从盐舱里挖出来，再次风干，收纳储备食用。盐舱堆积的重盐有降温作用，鱼的蛋白质不因为温度急变而变坏，相反，鱼肉渗入了盐味，水分在低温中渐渐消除，美味既成。

盐制、风干，已让大眼鲷鱼鲜嫩的肉变得紧密结实，独特的风味在鱼肉变化中构筑。当整鱼在炭火中烤起，厚实的鱼皮成了一道屏障，阻挡着烈焰对鲜嫩鱼肉的野蛮烤炙，美味在烈火中巧妙穿越回甘。渔家小炉没有西式壁炉高大上，可它能制出不一样的风味，它是渔民家最真实的温馨表达，是美味小烹，给渔民带来快乐！

炭烧虽然是一种烹饪方式，本质是闲逸生活体验。时光在文火慢煎中度过，心情在赋闲中放飞。品味已是一种幸福，难怪渔民喜欢炭烧风味了。

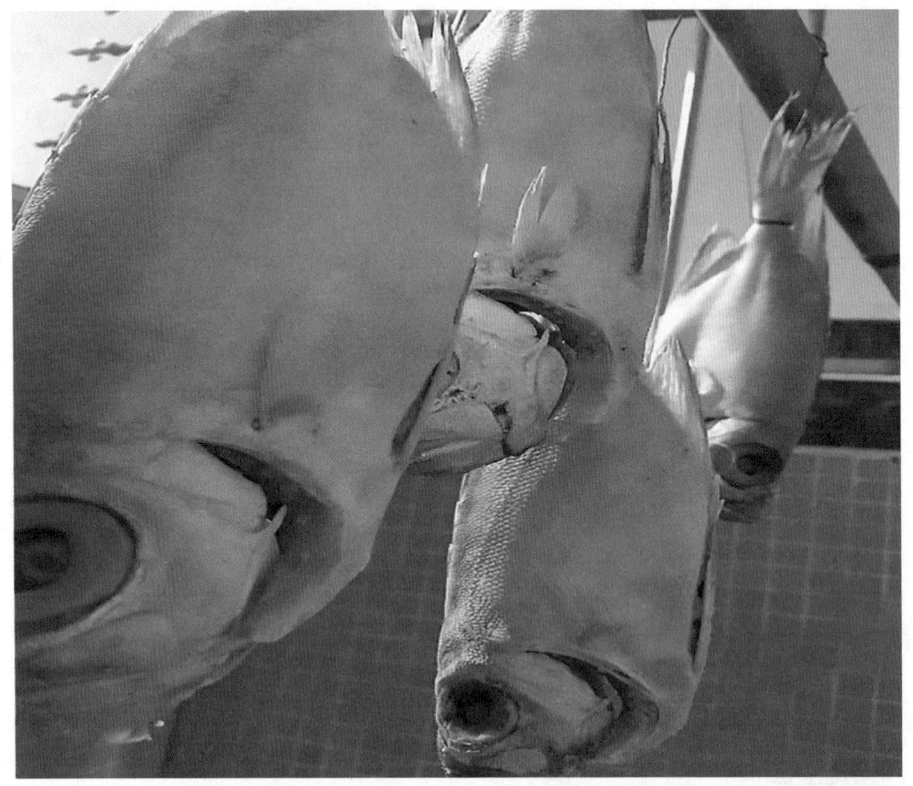

晒大眼鲷

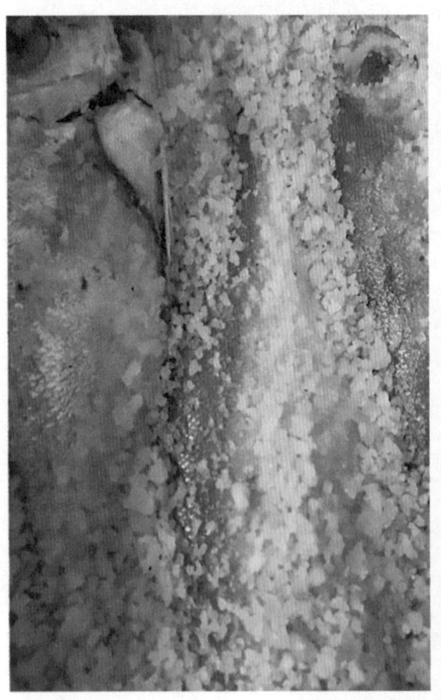

腌制大眼鲷

炭烧大眼鲷

墨鱼膏煲五花肉

——乡土风味的经典

人们对某种味道偏好与食材的某一特质有关。当这种特质气味变成群体偏好口味时，它便是这个地方经典风味了。墨鱼膏就是这样一种独特的食材，它已是闸坡最乡土的风味，群体的口味。

墨鱼的肝脏用盐腌制之后，去掉皮囊，取内里的糊状物，加入一定的水和油脂稀释后，置炭炉上加热增稠如酱，被称作墨鱼膏。这种不起眼的东西却是闸坡渔民的最爱，不管时代如何变迁，食物如何丰富，它依然是乡民坚定不移的美味。

墨鱼膏含胆固醇、蛋白质、黏多糖、氨基酸和多种微量元素。作为一种食材，让人们多了一份选择与体验。墨鱼肝脏，是生命物质循环分解吸收系统的脏器，因而它有一股浓烈的膻味，但它也是美味。当它与五花肉搭配成肴，膻味就变得甘香。20 世纪 70 年代以前的日子里，每到年底，渔民就收集墨鱼肝脏用盐腌制，送给亲戚朋友或自家食用。新春时节，墨鱼膏煲五花肉便是许多渔民家过节的菜，人人喜欢。

墨鱼膏腌制时用盐比较重，口感犹咸，用水和五花肉降低盐度，让它回到舌尖能够接受的程度。墨鱼膏膻味被油脂克制之后生出了甘香；五花肉被墨鱼膏提升得更加可口，这便是乡民喜欢它的地方。

新春除夕,渔民家头一轮祭祀用过的一块“心生”(五花肉)就用来配菜。五花肉切成约 2 厘米宽、4 厘米长的方块若干；墨鱼膏 30 克，加水稀释成糊状；姜片两大片、花生油两汤匙，一起下砂锅文火煲起，过程之中不停搅

墨鱼膏煲五花肉

生菜包五花肉

拌，避免糊底。当热气腾腾的墨鱼膏煲五花肉端上桌面来，舌尖就有了冲动。但又咸又香的墨鱼膏煲五花肉依然存留着零星的膻味，给口腔产生一种“浊”的感觉，只好用青菜来抵消。生菜，清新多汁爽口，还有丰富的维生素，对改善墨鱼膏的咸和膻味恰到好处。

墨鱼膏煲五花肉在空气中弥漫着甘香的味道，不用多说，捡起一叶生菜，砂锅中抄起一块粘满墨鱼膏的五花肉，放进菜叶里包裹起来，塞进牙床里，香香脆脆地咀嚼起来。那真是一种有趣的体验：墨鱼膏特殊的芳香与油脂无缝对接、绿色蔬菜发挥了协调中和的作用。但觉口腔里已被鲜、香、爽、脆、甘占满。不仅如此，品尝生菜包裹的墨鱼膏五花肉，很有仪式感，颇有点像吃西餐，这在海味品尝中是很少见的。

品味墨鱼膏煲五花肉，颇觉苦日子之下还有一点享受，即便这种享受于当下堪觉平常，但于那时的贫乏，倒是一种滋味。物质生产未必都能满足人们生活需要，而解决生活困苦依然落在生活的本身。食物不论精粗，人们必须尊重，因为它是上天的恩赐。

墨鱼膏煲五花肉原材料

凉拌甜酸海蜇

——凉得冰肌拌甜酸

粤菜系里的凉拌菜比较少，闸坡渔民家庭菜谱也很少见。这种趋同足见闸坡地方风味与大粤菜圈的风味是一脉相承的。渔民认为凉拌菜终归是寒凉之食，对脾胃不大好。奇怪的是，凉拌海蜇却是在渔民重要家宴中不缺的，这不得不让人对凉拌海蜇另眼相看了。

美食与地方物质生产密不可分，它体现物质资源对饮食文化的深刻影响。海蜇生长于海洋，见之海陵岛海区。它柔软如水，被称水母，天生冰肌玉质。而这种生物特性与烹饪方式的选择，似是有某一种天然般的契合——海蜇唯凉拌来得好吃！

海陵岛海域入春之后，万顷碧翠澄清，轻波荡漾。海蜇成群畅游访问海陵岛，形成蜇汛。渔民起早贪黑，用抄网收获这来自上天的恩赐。

海蜇通体柔软，死后却似一滩死水，但它富含蛋白质。古人对海蜇早就有所认知。《本草纲目》载，海蜇咸、温、无毒，是一味治病的良药。中医药学认为，海蜇有清热解毒、化痰软坚、降压消肿的功效。劳动人民从经典里认识海蜇的宝贵，捕捞加工，制成美食，发挥其药用价值。

美食总是承载风俗。闸坡渔民家庭重要宴请，莫过于大年初二，例行宴请“郎家”（女婿），形成了风俗。家宴数道美食中，凉拌甜酸海蜇当是亮眼之食，它为舌尖提供了一种爽脆甘清的口感，在以海产为主的风味大餐中，独具特色。

凉拌甜酸海蜇

渔民老周宴请女婿，准备了这款经典的凉拌甜酸海蜇。其实他提前一天已用清水将海蜇皮隔夜泡起，清除了它的杂质异味，接着将海蜇皮切成柳条状，用开水焯得熟透，改用凉开水散热沥干备用。老杨认为，新鲜海蜇中八九成是水分，唯有用明矾和粗盐将水分榨干。虽然海蜇已变成了一张皮，但明矾和盐味未能尽除，无法入口。唯一用清水泡起，将明矾和盐味彻底清除掉，还原海蜇的冰肌玉质和爽脆甘清的口感。

尽管清水已把异味杂质去掉，仍嫌甜酸海蜇风味欠之饱满，若添上炒花生仁，这道凉拌菜就添了一份香酥。

煮熟的海蜇皮

花生炒香脱去外衣碾压而碎，保留一定的粒状，使之富有嚼劲。老周将油锅烧起，下蒜末、花生油构出香味，添入海蜇翻拌均匀装盆；五柳菜、白糖、白醋在轻油小炒之中，添上水淀粉增稠成芡，淋到海蜇上，盖上保鲜膜，放进冰箱里冷藏30分钟，开吃时撒上炒花生仁与芝麻就美味了。

女儿女婿对老父亲的手艺赞不绝口，觉得这道凉拌海蜇，清新爽脆，酸甜中夹着酥香，在芝麻的提点之下，香味层次犹觉丰富，舌尖尽是新感受。女儿女婿高兴地说："满桌甘肥就它清新爽口！"可见闸坡渔民不嫌凉拌海蜇寒凉，反而把它请进家宴中来，是有其道理的。

甜酸羊鱼干

——艰苦换来的味道

当舌尖感觉乏味，新的烹饪已在路上。

鲜鱼制作甜酸味，不论粤菜、浙菜、川菜或鲁菜都有。但鱼干制作甜酸味却很少见诸报道。鱼干毕竟是一种极其普通的食材，普通百姓多用它打发简单的三餐，很少用它烹饪新味道。

鱼干制成甜酸会是怎样的味道？这种体验发生在艰苦的日子里。20 世纪 70 年代，闸坡渔民鼓足干劲，多快好省发展海洋渔业，全力投入捕捞羊鱼，年产量高达 100 多万担，创造了不完全机械化渔业生产时代的神话。那个时候，闸坡渔船千帆竞发，百舸争流。渔民披星戴月，抢风头追风尾，下海抢收羊鱼汛。街道社区居民积极配合生产，夜以继日地加工羊鱼。闸坡渔港随处见到羊鱼堆积如山，码头交易场全天候装运，加工场上每天都有千人忙碌，大街小巷变成晒鱼场，就连一线生产的渔民，工作之余也随船晒制羊鱼干。那个时候，很多家庭都为渔业生产作贡献，人们早出晚归，夜以继日地劳作，艰苦且快乐着！

为省时省工，鲜羊鱼连皮一起暴晒。鱼皮晒干后附着在鱼肉上，严密地保护着羊鱼肉的干鲜品质。这些羊鱼干很耐放置，只要用陶罐收藏密封起来，半年或更长时间都不会变质变味，它成为乡民家庭菜肴的重要来源。那个时候，渔民家庭每天都用羊鱼干做菜，羊鱼干节瓜汤、清蒸羊鱼干、油炸羊鱼干、焖烧羊鱼干、油煲羊鱼干等等，吃羊鱼干已是舌尖麻木，缺少新鲜感了。朋友或邻居相遇时，话题也离不开羊鱼干，探讨新烹饪、新吃法，绞尽脑汁，想尽法子创新味道。于是，甜酸风味羊鱼干就应运而生，进入了家家户户的厨房与餐桌。

煮熟的羊鱼干

羊鱼干

羊鱼，学名马面鲀，俗称剥皮牛，属海洋中上层鱼类，洄游时常常形成重大鱼汛，产量很高。羊鱼含丰富的蛋白质、多种氨基酸，人们喜欢它的味美肉鲜。

羊鱼干脱水达到 80%，肉质已变得坚硬如柴，烹饪前得先用清水将羊鱼干泡上数小时，鱼皮软化之后可撕下来，接着拆解鱼骨，取得鱼肉，手撕成鱼柳，制作甜酸羊鱼干。剥羊鱼皮很是费功夫，得花上半天时光。那个时候，小学生放学回家，重要的课余作业就是剥羊鱼皮。家人把一盆子羊鱼干递过来，想到晚饭能吃上甜酸羊鱼干，也只好认认真真地干活了……

新鲜羊鱼

羊鱼干热水中焯过去腥；油锅里投下两块姜片、一撮蒜末、一盆子羊鱼干肉柳就下锅爆炒增香，添上小半勺精盐，下一碗多的清水，就大火焖烧 10 分钟，见汤汁已经收起，鱼肉已是软化，便装盆备用; 油锅再次烧起，下五柳料小炒，下白糖、米醋、水淀粉小拌增稠，再将羊鱼肉倒入锅中，与甜酸汁、五柳料搅拌均匀裹味后舀起，甜酸羊鱼干便大功告成！满盆子的菜肴，色彩鲜艳，甜酸气味就洋溢开来，早已俘虏了舌尖上的每一个味蕾。于是，数双筷子密集到甜酸羊鱼干一上来，一瞬间便瓜分干净了这盆子的美味。

品味之后，每个人心中都有一种感受：甜酸味改变了舌尖对羊鱼一贯味道的记忆。新的风味仿如一颗种子，在舌尖上扎根发芽，过往的味道被清理得一干二净，唯此甜酸深刻。乡民们觉得，甜酸鱼羊干口感筋道，风味富有层次；清甜的五柳条除去腥之外，给人清新可口的感受，还使菜品增加了可人的颜色。除了舌尖这般真切感受之外，艰苦的日子里，能有这般品味确实来之不易，心灵满是阳光的颜色。

热情源于满意的品味。每有亲朋来访，家里留饭，便制作甜酸羊鱼干招待，来访者就十分高兴。迎来送往，捎上数斤“淡晒”羊鱼干，并嘱一定制作甜酸风味尝尝，令来访者感谢不尽。而我深刻感受这份味道，是渔业大生产大丰收催生出来的，是艰苦劳动换来的酸与甜！

甜酸南风螺

——尝身价百倍之味

海产类食材中，南风螺如今已身价不凡。过去用五分钱能买到两斤南风螺，现在得花上四五十倍的价钱，还不一定买到。

南风螺又称泥螺，是一种低级消费骤升到高级消费的食材。过去，扼虾船拉捕成堆的南风螺，求人购买，当天卖不了，还得翻倒回海里去。如今，南风螺市场售价每市斤高达200多元，真是此一时，彼一时，风水轮流转哟！

南风螺与花螺不同，外壳没有斑点且纹理粗糙，深棕色，形体与花螺差异不大。但南风螺肉较花螺肉爽脆鲜美，弹牙得多，富有野味。南风螺生长在浅海泥泞的海床上，夏季南风吹起时，聚集到一处，形成一定的产量，因此称南风螺。渔民用拖网作业或装笼加腐质小鱼饵料诱捕。

过去的日子里人们得到一桶子的南风螺，就白灼烹熟，几个人月光之下围坐一起品尝，口里哼着“月亮光光照地塘……”的儿歌，手里拿着一根竹签挑着螺肉，蘸着辣酱或藠头醋作小食吃，这般的享受再也没有了。

由于海洋环境受到陆域的污染，南风螺的生长繁衍受到极大的伤害，浅海里已不多见南风螺踪影了，有的地方南风螺几近绝迹。近二十多年来，南风螺产量极其稀少，已开始人工育种繁殖。然而，市面上极少看到人工养殖的纯种南风螺，最常见的是杂交品种，个体很小。养殖技术尚在攻关，要吃上纯种南风螺，仍需等待。

风味是可以回忆的。白灼南风螺野味诱人，体面的招待配餐，则首推“甜酸南风螺”一款。改革开放初期，南风螺价格不高，镇机关饭堂重要接待，必备甜酸南风螺，客人称赞这道菜是闸坡最有特色的风味菜。

李大姐是渔家人，从小喜欢烹调，在机关饭堂当炊事员，每天与厨艺打交道，掌握了一定的烹饪技巧。她对海产食材十分熟悉，经常琢磨新菜。南风螺很有野味，有海产味道的代表性。李大姐从南风螺的风味特质中，悟出烧制甜酸味能较好地克服南风螺里的海泥味儿，提升螺肉的风味。

李厨师认为，南风螺下锅加水烧至九成熟后捞起，挑肉出壳，去掉尾部，用刀将螺肉剖开两片，除掉内脏，清除异味。油锅烧起，蒜、姜、葱白下锅爆香后，倒入螺肉翻炒，下盐、生抽、味精提鲜，即可上盆备用；油锅重新烧起，下油、食用醋、糖、五柳料、水淀粉调成甜酸酱，再下螺肉拌匀裹芡装盆，上席开吃。

南风螺肉在甜酸酱包裹之下，口感爽脆清新，菜品还好看，咀嚼起来，深入且细腻地诠释这道菜的风味，客人十分喜欢！

鲜活的南风螺

甜酸南风螺

蚝豉花生羹

——烹得新味缠舌尖

闸坡渔民喜欢用海味制作甜食，除了鳝胶糖水、柔螺红豆糖水之外，蚝豉搭配花生等食材制作的甜羹算是经典了。时下，很少人品尝这道甜品，而我小时候，于若干次渔家喜宴中与之接触，一直没有忘记它。

海味做甜品不能不说烹饪想法大胆。两种反向味道撮合到一起，要怎样的料理才行？闸坡渔民就是将这一山一海两种食材熔于一炉，烧出了风味独特的甜羹美食来，真是令人深感意外。

鲜蚝在阳光下暴晒，原有的形态和特性发生了变化，成了蚝豉，而它对许多味道有了包容性。蚝豉含蛋白质、脂肪、肝糖，还有多种氨基酸，是一种适应性较广的食材，为制作甜品提供了可能。从营养学角度看，这种咸甜搭配，给食惯咸味的渔民调整了口味、还均衡了营养。

以蚝豉作为介质，烹饪成甜品，是渔民坚持饮食个性化下的风味创新。而这种制作还通过若干的佐料，在咸甜二味中搭建桥梁，平抑矛盾。橘饼、瓜条、姜片、红枣等香甜味浓重的材料，大幅度降低了海味对甜味的冲击，而花生增加了植物油脂及其蛋白，丰富营养，还提香可口，使得这道甜品的口感更加丰富；水淀粉除了增稠之外，还增加润滑感，如羹如汤，更加引诱人们的食欲。

优质蚝豉按比例占整菜的 15% 左右、花生约占 15%、肥肉约占 3%、红糖约占 8%、水淀粉（含水）约占 35%、橘饼、瓜条、姜、红枣少许。

蚝豉花生羹

蚝豉花生羹配料

蚝豉

蚝豉冷水发泡改用开水汆过之后，去腥软化，切碎如豆子大小颗粒备用；花生用开水煮得半熟化，褪衣分瓣；橘饼、瓜条切成颗粒状；姜切片、红枣开爿去核、肥肉切成小肉丁，诸材料处理好备用。油锅烧起，下姜片、肉丁、蚝豉小炒至香后下水，加入橘饼、红枣、瓜条、红糖烧开，见蚝豉已软熟，下水淀粉增稠浅尝甜味，以一般糖水甜度为宜，下几颗枸杞装饰，便可装盘上席品尝了。

蚝豉花生羹甜润中品海味，而海味的浓度刚刚好，既不犯味，还觉亲和；橘饼、甜瓜条、姜片、枣爿清新开胃；红糖与猪油添甜增香，稠羹中夹带花生和肉丁、瓜条颗粒，入口润滑，又不失咀嚼，别具特色。用蚝豉制作的甜品，开拓了甜品的新境界，反映了海边人家的饮食离不开地方资源，还吃不厌精。渔民用海味制作甜品远不止这一道，还有很多。比如渔民用花胶制作甜品，营养保健，还豪华好吃。真是一方水土养一方的人啊！

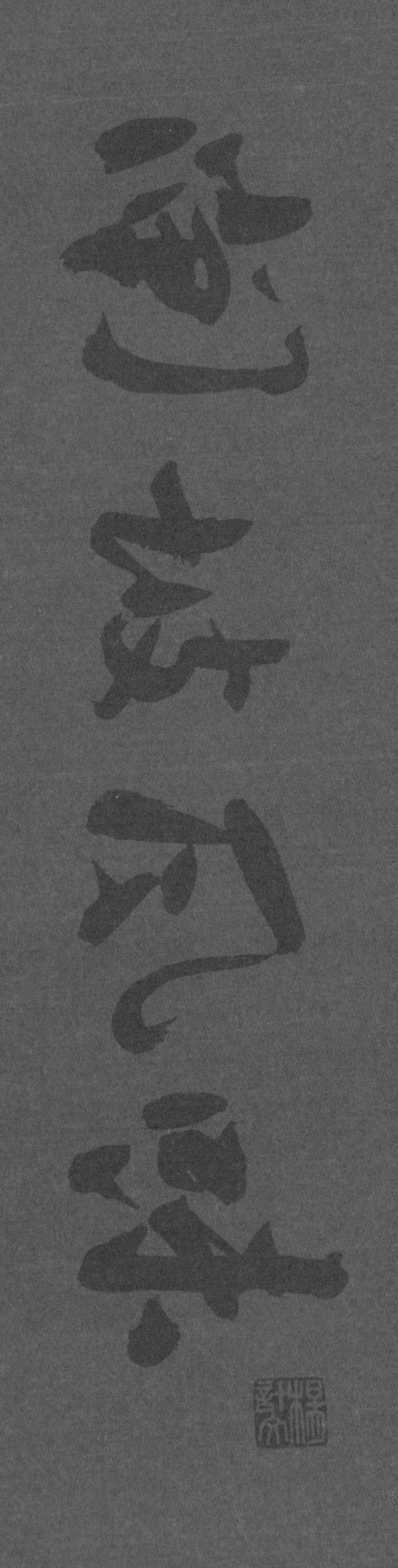

第二章

Chapter 02

焖、煎、炒、炸、煽、揞汁

扒花胶

——来自鳗鱼的极品

门鳝鱼（鳗鱼）的鳔称“鳝胶”，广东大部分地区民众称之为“花胶”。

鱼鳔是控制鱼在水中升降运动的器官，常处于张合状态，因此其富有韧性，且含丰富的胶原蛋白和多糖，具有美容滋补的作用。阳江海区多有门鳝鱼，渔民用手钓或延绳钓捕获，从门鳝鱼腹中取出鱼鳔，放在阳光下晒制，鳔内空气受热膨鼓起来，形成胶管状，且有一定的硬度，便是鳝胶。纯正的门鳝胶表面血管清晰可辨，有浓重的鱼干般的气味。

闸坡渔民视门鳝胶为补品，常搭配红枣、黑枣、蜜枣和人参炖汤，谓之“三枣汤”，辅助治疗胃病，修补胃黏膜，对女性养颜也有帮助。因此门鳝胶的价格不断攀升，已是昂贵之物了。

阳江各乡镇，或是市区民众家宴能放开手脚，精心制作，出品豪华，要数闸坡乡民宴请了,那真是“舍得”！十二道或十六道菜中,极尽海珍品，尤以“扒花胶”引人注目，它决定了一桌菜肴的档次和质量。因此，闸坡渔民每有重要家宴几乎要上这道极品菜。

扒花胶之所以称得上是极品，除了生产不能满足市场需求之外，关键是它能美容养颜还养胃。当下，花胶的市场价格每一个季度会攀升一次，以十六头（条）一市斤为例,目前的价格已达到 2000~2400 元;若做扒花胶，每桌需要 150 克，单此得花掉 400~450 元，一桌饭菜总消费 2800~3000 元，单花胶一项就占了总消费的 15% 左右。可见,扒花胶在宴请中既给人面子，也衡量着主人家的经济实力。

花胶焖煲

干鳝胶

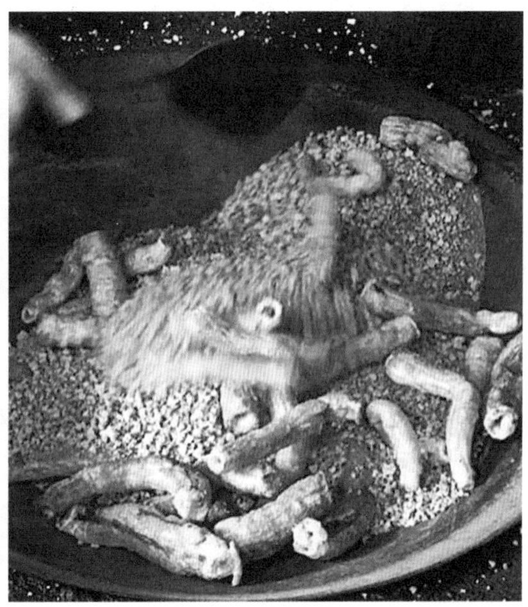
盐炒鳝胶

制作扒花胶第一道工序便是膨化处理。我家大嫂子，是一个渔妇厨师，经常给人做家宴，几十桌酒宴能轻松应对，风味纯正。我常常见她制作扒花胶。大嫂子家有一口固定用来膨化花胶的铁锅，每次膨化花胶时，我都会认真观察。见她将每条花胶用刀分段后，投入铁锅的盐堆里翻炒，花胶受热膨胀，胶管膨化，管内壁挤得满实，胶体已渐见金黄色，就收起散热。膨化好的花胶放进冷水里泡起，渐渐软化如海绵，这个时候将花胶内壁的衣状物掏出，再用清水浸泡若干个小时，腥味消减后，再捞起备用。

烹制“扒花胶”搭配瑶柱、鲜虾仁、精肉蓉等。这些食材既可加强海味的鲜美度，也丰富花胶的风味。铁锅烧热，下花生油、姜末、蒜蓉爆香，精肉蓉和瑶柱（用水泡发）下锅与调味料翻炒焖熟后，下花胶与佐料翻炒入味；料酒、盐、鸡粉、生抽、白糖等下锅提鲜增香，下水淀粉收汁，即可装盆，点缀葱花装饰上席开吃。冒着热气的扒花胶端上席来，散发出一股浓重的鲜香味，但见盆子上一段段金黄色的花胶如弹簧，热气中表现出微微震颤的样子，更是诱人食欲，夹一块放进嘴里去，一股鲜香丰润的感受连舌尖激动得急剧转动，体验的不仅仅是美味，还有真实感很强的营养进入胃里去，没有人不贪欲的。

不用说扒花胶是一道美味，一顿营养大餐，我能品味出来的远不止于此，是真切地感受新时代人们生活水平的提高。某一些享受原本是有钱人家会有的，眼下普通百姓也习以为常，不得不说社会进步之大，幸福感不是装出来的啊！

豆豉焖海螺肉

——绝配的乡土风味

生活在一个地方的人是否有幸福感，除了温饱保证、社会稳定、经济发展、安居乐业之外，还有良好的生态，丰富的资源，人们能从土地上有更多的获得与品味，也算是一个指标吧！

生活在海陵岛，不得不说幸福感是丰满的。这里的人们不仅享受政治清明、社会稳定、经济发展的大好局面，还可以在大海中找到美食，日子过得有滋有味！

海陵岛四面临海，滩涂分布，海洋资源丰富。丰富的海洋生物不仅成就了海陵岛生物的多样性，还为岛民提供了丰富的食品来源。比如海螺，它就是一种纯天然，又极富野味的食材。

海水涨潮时，小海螺爬出石缝外觅食，潮水退后龟缩石缝里避袭。小海螺生长的速度很慢，一般如脚趾般大小，若比之更大的，多生长在无人小岛的礁区里。浅海滩上的小海螺个体虽然小，却也肉嫩味美，野味十足。遇上退潮的日子赶海，就可以翻石头寻找海螺。虽然想着美食，当与海螺相遇的一刻，就觉得玩海比美食更有吸引力。海螺无语，竟可对话。当看到它伸出来的舌头舔着石块蠕动，就与它握手，天真的意趣盎然，只好把这小不点收入小篓子里去。半天的时光，寻寻觅觅中度过，风味也就满篓了！

当天拾获的海螺用海水泡起一夜，让其吐尽螺内的沙子，即可做菜。海螺是一种野味，小肉置牙床上慢碾，颇有苦后回甘的味道。海螺主食海藻，肉质有少许的微苦，但迅即转甘，回味无穷。吃小海螺，当然还兴奋于赶海的体验，虽然是劳苦的收获，但很有一点成就感。

豆豉焖海螺肉

新鲜海螺

海螺为肴，很有节俭过日子的思维。小小螺肉济上一碗白饭，省下一份开销。海螺肉不多,整上丰满的一盘子不大现实,只好添加其他食材增量，看重的是海螺的风味罢了。豆豉焖海螺肉，是海边人家通常的品味，豉香是阳江风物最杰出的味道奉献，与浅海滩涂礁石下天然野味结合到一起，犹显阳江乡土的风味特色。

海螺煮熟，挑肉脱壳；豆豉若干、本地芹菜、香葱若干切段备用；生姜末少许、蒜蓉一撮，花生油若干，下锅爆香，下螺肉翻炒去腥后，下盐、白糖少许提鲜，随后豆豉下锅与之拌炒，再下芹菜共焖，洒上适量的水，严盖焖起片刻，即下水淀粉收汁、下香葱段和味，就可装盆开吃了。

品味豆豉焖海螺，犹感豆豉虽然有很强的覆盖力，相遇海螺时，也不得不退让几分，海螺野味犹增。豆豉焖海螺肉是阳江乡土风味的代表，它把地方的资源和生产优势发挥出来了，这真是一种地方的烹饪。品味豆豉焖海螺肉，很能体验海边最纯正的风味，如果亲自赶海收获海螺，品味时就更有意思了。

尖椒豉汁焖髻僭螺

——啜出来的乡土味

朋友自广州来闸坡探望我，不亦乐乎！拿什么接待老朋友呢？虾蛄、晚水鱼、花蟹是不能缺的。但我知道朋友最喜欢的是海陵湾的髻僭螺。于是，我到市场买了两斤髻僭螺回来，断了螺尾，清洗干净后，就放进热锅中翻炒几下，去掉螺内多余的水分，装盘备用；热起油锅，投蒜葱姜至油中爆香，再倒入髻僭螺与之翻炒七八成熟后，就下尖椒和豆豉拌炒，合盖焖煮 5 分钟，加入少许的生抽、味精、白糖调芡就上桌，与老朋友吃开来。

老朋友喜欢吃我亲自下厨制作的尖椒豉汁髻僭螺。其实，我真正想做的味道是紫苏髻僭螺。紫苏有一股芳香味，源于紫苏醛、紫苏醇、薄荷醇等有机化学物质，具有杀菌防腐作用，它能盖过髻僭螺的海泥味，给人一股清新又香醇的味道。而老朋友说尖椒豉汁髻僭螺是纯正的闸坡味道，最想品味的就是这个乡土味儿了。阳江豆豉闻名海内外，用当地两种有名的食材制作美食，款待远道而来的朋友，更能体现我的真情实意哦！老友一边啜着髻僭螺，一边说。我心中暗自得意！

乡民称丁螺为“髻僭螺”，因其形状也像一支插在妇女头上的僭子而得名。髻僭螺在海陵湾海洋生物种群中数量较大，有一定的生产力。北汀海滩退潮时，能见到满滩的髻僭螺，村民或放学的小学生都忙着赶海捡拾。

髻僭螺属甲壳类动物，吃浅海中的微生物长大，螺肉很是鲜美。而鲜美深藏在长长的螺壳里，煮熟后肉体收缩到螺壳深处，挑吃就不大容易。烹调之前，得先将螺的尾部截断，空气流进螺壳内，形成气压，只要轻轻啜起，螺肉就被吸出来，由此而听到人们啜螺的声音，此起彼落，很觉有趣。

髻僭螺可以作零食，打发休闲时光，这或许是闸坡的饮食文化吧！记得读小学时候，常见到学校门口的小商贩摆卖煮熟的髻僭螺，用篾皮圈起来，一小堆一小堆地售卖，只要花 5 分钱，就可以买到一小堆了，蹲到墙角下品尝起来。而每到夜晚，渔港的海堤边摆起长龙般的小食摊档，售卖髻僭螺、南风螺。下班的人三五成群围坐到小食摊来,要上一盘豉汁髻僭螺，一小碟子辣酱，几瓶啤酒，慢慢地消磨起一段赋闲时光。

海陵岛旅游业日渐兴旺，每年都有数百万游客到海陵岛闸坡旅游，丰富的海鲜美食，已是闸坡旅游兴旺的重要因素之一。而髻僭螺的风味已是旅游团餐菜谱常见的名字，紫苏炒髻僭螺、尖椒豉汁炒髻僭螺、白灼髻僭螺、豆豉焖髻僭螺等等，都是游客们最喜欢的美味。

如闸坡乡民每到髻僭螺汛，餐桌上总会有尖椒豉汁髻僭螺这道菜，它就是美味可口，还省钱呢。

挖髻僭螺

凉瓜焖黑鲳鱼

——祛浊还清说鲜香

王国维在《随息居饮食谱》中称“凉瓜涤热、明目、清心，可酱可腌，鲜时烧肉,先瀹（yu è）去苦味,虽盛夏而肉汁能凝,中寒者勿食。熟则色赤，味甘性平，养血滋肝，润脾补肾。”

应时食材相互搭配，往往能生出绝好风味来的。大暑季节，正是凉瓜上市、黑鲳鱼汛旺期。不难想象：凉瓜苦甘清爽；黑鲳鱼温热鲜香；外加豉香相拌，新鲜且富于层次的味道，令人不易忘记。

入夏的闸坡渔港，气候温湿闷热，人体容易入侵暑湿，乡民总是想方设法在饮食上消除体内的湿气。然而，夏天最是灯光围网作业捕鱼的旺季，闸坡渔业码头一箩箩的黑鲳鱼上场交易,市场铺天盖地卖黑鲳鱼。恰逢其时，田间里的凉瓜也挂起了丰硕的果子，菜农忙着采摘，穿梭于大街小巷，吆喝兜售新摘的凉瓜。本地农家种的凉瓜，外形有点似心形，外皮纹理似豆角线，轮廓非常明显。这种凉瓜颜色青翠，苦味中略带清甘，特别适合与黑鲳鱼搭配成菜。

黑鲳鱼蛋白质丰富，口感鲜美。乡民长期品食，能感受到黑鲳鱼有点湿热，多吃容易使身体不适应。凉瓜的苦涩味融入鱼的蛋白中，不但改变整菜的口感，还能改变凉瓜的寒性。当凉瓜清苦之味糅入鱼肉之后，鱼腥味就尽除,黑鲳偏湿热特性也就得到了改善,鱼肉蛋白质更有利于人体消化。

凉瓜焖黑鲳鱼

黑鲳鱼凉瓜配菜

这种搭配，既提升了营养价值，还丰富了口感，平衡了食性，可谓绝配。二者共融，祛浊还清，还风味于甘鲜、食性于有益，且维生素与蛋白质强强联合，可让人吃得健康。

凉瓜焖黑鲳鱼能否制出鲜美，对凉瓜切片厚度有要求；瓜片薄容易融入鱼香。眼下大排档的厨师为了省工，凉瓜切成很厚的片，鱼香难以深入到瓜片中去，美味就无法体现出来。

有一次，在船上用餐，伙头更拿现成的黑鲳鱼搭配凉瓜成菜。见他将凉瓜分开两爿去瓤，切成很薄的瓜片；黑鲳鱼去鳞掏出内脏，洗涤干净后，斜刀进入切得鱼片，厚度约 1.5 厘米，抹少许精盐消除水分；豆豉若干，用水泡软后，揉捏成酱；拍碎蒜子两个、切姜三片备用；油锅烧起，下蒜子、姜片爆香，将黑鲳鱼下锅煎得焦黄时装盆备用；再将油锅烧起，下蒜子爆香后、下凉瓜片翻炒至半熟，再下黑鲳鱼、豆豉酱焖起、下少许精盐、生抽和清水，严盖小焖片刻，投葱段和水淀粉收汁，装盘上桌。

咸鱿鱼焖芋头

——鱿有甘鲜絮芋香

有一天，到当地酒楼用餐，点了一个咸鱿鱼焖芋头。厨师问起服务员，说这个菜很久没有制作过，能点这道菜的，应当是闸坡当地人。厨师说的没错。

说起咸鱿鱼焖芋头，就想起20世纪70年代的日子，粮食常常不够吃，而番薯芋头却不十分稀罕。乡民常用这些淀粉较多的农副产品做菜，补充粮食的不足,还丰富餐桌上的风味,一举两得。那个时候,乡下农民乘着小船，载着番薯、芋头或鲜菜，到闸坡渔港来换海味，做交易；渔民用咸鱼或鱼汤（水）跟农民换取番薯、芋头和鲜菜，提升伙食营养。咸鱿鱼搭配芋头便是渔民餐桌上的美味。

每年入秋，芋头陆续上市供应。有一种小芋子（白芽芋），芋香特别浓，淀粉也特别多，粉中带糯、香中带着甜，吃在嘴里，香留齿间。当地人称这种小芋子“不思归”，有恋其美味不思归家的意思。这种小芋子以阳西溪头产地的品质最好。闸坡与溪头一水之隔,村民常到闸坡市场销售“不思归”，渔民买来做菜。

小芋子去净外皮，在米饭“催饮”时，下到饭面焗熟，风味特别好，尤其小孩子最喜欢吃。不管“不思归”或是其他香芋，只要搭配咸鱿鱼、五花肉做菜，就非常好吃。芋头含蛋白质、淀粉、脂肪、钙、磷、铁，多种维生素和皂苷等。腌制好的小鱿鱼肉质紧致筋道，回甘回鲜。二者搭配成菜，芋头就有了动物蛋白和油脂，粉中带着鲜香，风味更加饱满。而咸鱿鱼在芋头淀粉的调剂下，降低了自身的盐度，有了芋香，越发回鲜甘香。

咸鱿鱼焖芋头

鲜芋头

咸鱿鱼剖开洗净，切成柳条状，五花肉切成肉片，大蒜、姜剁成末，芋头，切片如橡皮擦般厚度备用。油锅烧起，下猪油爆香蒜姜，倒入咸鱿鱼和五花肉片炒香后，调入少许生抽、适量精盐与芋片一起翻炒至芋片边角钝化，下适量的清水，用大火烧开焖煮 12 分钟，调入味精、葱段、适量白糖和水淀粉收汁，即可装盘上席品尝。

咸鱿鱼焖芋头本不是什么大制作，也不是什么极品，却有它的神来之味。当一块香芋的皂苷散发于舌尖上，咸鱿鱼的回鲜便丝丝地生长，芋甜鱿咸交替出现、粉香甘鲜融合共存，打造出既粉又酱的风味。

20 世纪 70 年代的日子，亲戚来往，常用咸鱿鱼焖芋头风味招待，亲戚带过来的芋头，与自家腌制的咸鱿鱼配菜，叠加出浓浓的亲情。别看这是乡土味，你中有我，我中有你，亲情就是如此的融洽，体现了农耕时代的社会风貌和伦理文化。

鱼松炒萝卜丝

——鲜美因从功夫来

在闸坡小镇，不论是家庭聚餐，或是朋友相约小酌，想到要吃什么菜，就会不约而同地说出“鱼松炒萝卜丝”。这是一款风味特别好的菜。

海陵岛海区有很多非常好的鱼类,肉嫩鲜美。有些鱼往往有很多的骨刺，不容易吃。若用这类鱼做成鱼松，搭配蔬菜就特别好吃。

霜降之后，萝卜生物活性达到最高境界，口感特别甜美，爽脆中还多汁鲜甜。“入秋萝卜小人参”，说的就是吃萝卜等同于药膳。这些萝卜一旦加入鱼类蛋白质，营养价值就大大提升，还甜美可口。秋后各类鱼品肥美，乡民常用赤鼻鱼、咸西鱼、曹白鱼等多骨刺的鱼制作鱼松搭配萝卜成菜。有些多骨刺的鱼市场售价不高。比如赤鼻鱼每市斤 10 元左右，做一斤鱼松，花钱不多，还好吃。赤鼻鱼油脂丰富，肉质鲜美，与萝卜相配成菜具有一定的风味优势。

小青年要来一次野炊，坚定选择鱼松炒萝卜丝作为野餐风味，还指定在船上当伙头的小蔡操刀掌勺，打造鱼松，开炒大味。小蔡虽然出海时间不很长，厨艺却不逊色老渔民。他从老渔民那里学会掌握打鱼松的技术。只见他把赤鼻鱼摆到案板上，从鱼背入刀，利索地剖开每条鱼的肉，用碎刀法将鱼肉剁成蓬松的鱼松。操刀的节奏仿如打击乐，时快时慢，舒张有道。为了加强鱼松的韧性，小蔡在鱼松上添加了一点盐，鱼松立马变得粘连起来，最后下一点花生油，鱼松就变得光滑油润了。接下来，小蔡把一个萝卜平放

鱼松炒萝卜丝配菜

鱼松炒萝卜丝

在掌上，三下五除二地除去了外皮，再把萝卜切成均匀的薄片，改刀切丝备用；把两颗大蒜拍破，还有葱白，下油锅爆炒增香，下鱼松于油锅中炒起，用锅铲迅速将鱼松碾散，让其充分吸收花生油脂而去腥；下精盐提鲜增味，下萝卜丝、芹菜与鱼松翻炒。当萝卜丝变软时，就调入少许精盐、味精、白糖搅拌均匀，加入适量的清水，就大火烧开；见到萝卜丝在烹煮中已显透明状，就勾芡增滑，下葱段添香，装盘上桌。小蔡一连串的动作，非常熟练流畅，看得大伙眼花缭乱，一个劲地说佩服。小蔡对大伙说，萝卜丝炒鱼松加入少量本地芹菜，可使口感层次更丰富，菜品更悦目。

青年们果然是吃货一族，十分喜欢这道菜。只见那盘子里白玉般的颗粒与柳条铺满，横竖几根翠绿的芹菜和香葱格外醒目。夹得一箸送进嘴里去，甜脆的萝卜有着浓浓的鱼肉香；鲜美的鱼松也品出新甘的萝卜味。鱼松炒萝卜丝还冒着热气，吃货们迫不及待了，马上大快朵颐。

多骨刺的咸西鱼

味极鱿鱼圈

——夜下灯照网鲜美

论起鱼产品质，乡民总关心是否来自照火作业。照火灯光作业捕捞的鱼品最受人们欢迎。

阳春三月，或立秋过后，近海的小鱿鱼会形成鱼汛，成群地往浅海来觅食。当太阳下山，月色暗淡，微风送爽之时，渔民驾着小船，点亮一盏汽油灯，在海面上兴致勃勃地搜捕这些小甘鲜。

小鱿鱼喜欢趋光，光影之下成群投火。渔民用手抄网把它抄到船舱里来。天幕渐亮，渔民就驾船回港，赶在早市上出售这些活鲜。

摆放在摊档里的小鱿鱼，还闪动着斑斓的色彩，肌肉在抽搐，闪闪泛光。看到这些小鱿鱼，食欲不由自主地跳到舌尖上来，想象它有多么的好吃，软软的肉，嫩嫩的肌理，一圈圈绕着一股甘鲜的味道，还有那一点味极酱料和花生油爆起添香，把鲜美推向一个高度。想到此，口水早已经流了下来。

小鱿鱼学名枪乌贼鱼，属软体动物，含丰富的蛋白质和多种微量元素。小鱿鱼处于发育成长期，没有大鱿鱼肉质那样粗糙韧性，在一定的油温作用下，鲜嫩的肉质变得爽脆，令人垂涎欲滴。在闸坡乡民的意识里，品尝小鱿鱼得保留它肚子里那一点的墨，不但能丰富风味，更重要的是对身体有好处。渔民说，鱿鱼墨可抑制“肚荒”，指的是平抑饥饿感。小鱿鱼的墨汁含多糖、牛磺酸等成分，可平衡营养，增加能量，减少消化损耗。

味极鱿鱼圈

新鲜鱿鱼

海产的品质有时也由作业方式决定。灯光作业捕捞的小鱿鱼就比拖网作业捕捞的小鱿鱼好得多。灯光作业最大程度保住了小鱿鱼的活性，营养物质少有破坏；而拖网作业捕获的鱿鱼在水下拖压时间过长，生物活性受到极大的损害，蛋白质发生了一些变化，口感也就不那么新鲜了。

在闸坡渔港论说海鲜，如果没有鱿鱼，是不可想象的。人们的意识里，鱿鱼具有海鲜的代表性，因此渔民称它“宝货”。阳江海区的鱿鱼因为海水的质量高，品质十分优越，市场价格比其他产地鱿鱼高许多，若问口感，那股鲜香甘美足以让每个人为之倾倒。当然，新鲜的小鱿鱼不但风味好，还能满足人们对这小乌贼的好奇，毕竟吃它如宰“贼”。

最小的鱿鱼可整个下锅烹饪成肴，重达 50 克以上的小鱿鱼可以切成圈段焯水去腥，固化成形下锅爆炒。油锅烧起，下足花生油烧至六成油温，将小鱿鱼圈在热油中焯过，装起备用；重新热锅，下花生油、蒜蓉、姜片爆香后，下小鱿鱼圈翻炒，下味极生抽、白糖少许、味精、葱段增香，兑入水淀粉勾芡收汁，裹浆添味，装盘上席开吃！

味极鱿鱼圈渗透了花生油而变得光滑润泽，鱿香四溢，回甘无穷，加之它没有骨，享受起来，真有“啖啖系肉”的感觉，口感十分充盈，令人满足。乡民好酒，味极鱿鱼圈则是最好的下酒菜。但不会忘记，这份甘美，可来之不易，是灯光下渔民辛苦劳动的结晶。

毛蚶炒葱段 ——一素一荤生春色

毛蚶作为浅海滩涂双壳类生物为人们所熟悉。毛蚶两片如土房子瓦盖的外壳，包裹着一颗鲜红的蚶肉；放射形的沟槽里，长出一层黑色的毛，因此它称作毛蚶，而一些地方称它为瓦楞子或毛蛤。

毛蚶多生长于淡水河出海口的浅海滩涂上，退潮时深陷泥土里，人工可采收。浅滩上的毛蚶个体大小一般 2~3 厘米，比这个规格大的，多生长在深海里，而其肉质韧性较强，没有小的肉质脆嫩鲜美。毛蚶在海陵岛以东浅海滩涂多有分布，这里靠近漠阳江出海口。乡民多选取小的毛蚶成菜，喜欢它爽脆又鲜美。

毛蚶长在泥滩里，有一定的泥土异味，乡民多用姜葱提升其鲜美的味道。葱段、姜片炒毛蚶肉，已是闸坡乡民最常见的烹饪与品味。

毛蚶收获季节多在夏秋，乡民赶海，深一脚浅一脚踩在泥土里，脚下碰到如石子一样的东西，弯下腰来，用手捏住，感觉硬物，还带规则性纹理，便知道是毛蚶了。大潮期，毛蚶集结于海滩上，多在七月产卵，因此收获最丰。毛蚶的产量较为大宗，市场价格一直不高。乡民将鲜毛蚶双壳打开取肉销售，提升价格，以争取多一点的收入。有时为了图省事，还将毛蚶烧得半熟取肉出售。虽然省工了，但毛蚶肉没有鲜取来得好吃，毛蚶的营养成分多有破坏或流失，味道自然逊色许多。

毛蚶炒葱段

毛蚶炒葱段配菜

毛蚶因生长于出海口的泥滩上，容易感染陆域来的致病菌，诱发食者感染甲型肝炎的事件多有报道。因此，食毛蚶时一定要小心清洗干净，还得煮透。当然，这是一对矛盾，大大地增加了烹饪的难度。安全与风味往往难以调和，如何解决？在于精准把握食品安全与风味的分寸，也就是火候。闸坡乡民如何处理安全与风味之间的矛盾？大排档的师傅的烹饪可以借鉴：取毛蚶鲜肉一市斤，清水加盐漂洗两到三次，再用生粉糅起，然后清洗干净，接着用开水将蚶肉轻氽沥干；生姜两大片、大蒜两个、料酒二分之一汤匙、白糖半汤匙、生抽半汤匙、精盐三分之一小勺、鸡粉半小勺、葱段半两备用。油锅烧起，下姜片、大蒜与花生油一起爆香，毛蚶肉下锅与姜蒜翻炒去腥，下精盐、生抽和味，添水少许，合锅盖焖烧 3 分钟，揭盖，再下料酒、白糖、鸡粉提鲜，再覆盖小焖 3 分钟后，下葱段翻炒和味，水淀粉收汁，即可装盘开吃了。生粉与蚶肉糅起，能将蚶肉里的杂质吸收并清除掉；葱为香辛料，既可制服毛蚶的腥味，又能抗菌，是理想的配菜。大量的葱段入菜，提升毛蚶的香味，还丰富菜品的风味与营养；一肉一菜，一荤一素，真的是绝配。

毛蚶炒葱段能否鲜美，火候是关键。火候不足，毛蚶肉不熟透，易生意外；过熟致肉质柴化，鲜美味全无。当然，佐料下锅的顺序也有讲究。师傅告诉我：下葱段翻炒时间不宜过长，葱香味恰到好处才好。葱为翠绿，毛蚶肉显橙红色，冷暖色彩相衬恰如春色，菜品就十分好看。

海胆萝卜干鸡蛋煎

——普通搭配成绝美

海胆被人们视作高档食材，售价不菲。20 世纪六七十年代浅海资源还丰富，吃一顿海胆不是很难的事儿。

海陵岛浅海礁区生长海胆。遇上退潮期，光着身子，带上一条铁钩潜入海底，或可收获十余斤的海胆。那时，吃海胆很普通，用它搭配萝卜干和鸡蛋煎起，一家人享受美味，绝不会用什么高档的食材与之搭配。当然，还是痛心口袋里那几缗钱。

那个时候，海胆生长在纯净的海水里、萝卜总在机肥中长大、鸡蛋来自散养的母鸡，三者碰撞到一起，在舌尖上打磨纯天然的味道。高品质的食材不都使用高档食材相搭配,也不需要高级烹饪。食材的品质决定了烹饪，人们真正需要是特色与风味!

海胆是浅海礁区生长的棘皮类动物，外壳深紫色，布满尖锐的刺，貌似刺猬，形如半球。乡民用两根下端相反切角的木条，插入海胆的口子里，用力合并两根木条，就能撬开海胆的外壳，见到它内腔两边贴着一层橘红色的肉。这肉结构似砂，却软绵鲜艳。乡民用竹篾制成的勺子，把肉从内壁剥离出来。这橘红色的肉，便是美味的主角。

当然,没条件赶海,到闸坡镇农贸市场走一趟也可寻到海胆。那个时候，有乡民在市场一角摆下小方台，上面放下几个瓷碗，水中浸润着几块海胆肉在叫卖。只要花上一元几毛钱，就可以尝到这份美味。不论赶海或花几毛钱买来的海胆肉,用上萝卜干,添上一只鸡蛋成菜,既省事又省钱,还美味。

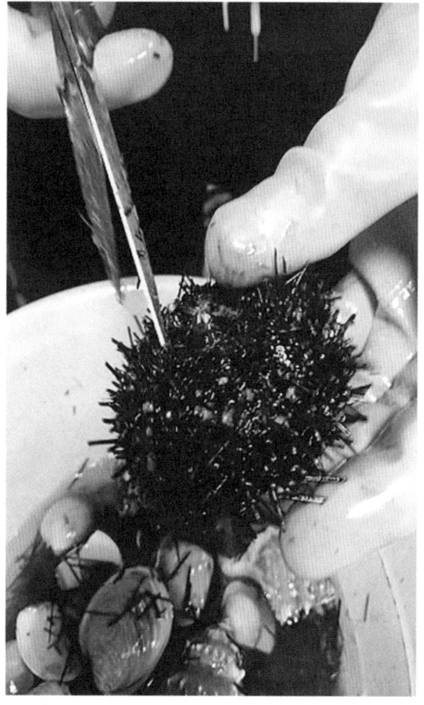

海胆

海胆萝卜干鸡蛋煎配料

海胆在热锅中炒干了水分而凝结，萝卜干用开水汆过有几分成熟，将二者剁碎，下油锅爆香装起备用；将海胆、萝卜干加入蛋液里去，添入少许精盐和味精、葱花搅拌均匀，倒入油锅中，文火轻煎，烙成饼块，翻转另一面煎起，让其充分吸收油脂后，即可出锅品尝了。

刚出锅的海胆萝卜干鸡蛋煎，香气十分诱人，浓重的蛋香和海胆的鲜香，加上萝卜干的野味，真是一组天然且高品质的美味，很能打动食欲。萝卜干把海胆的腥味除掉后，更能发挥海胆的可口甘美；鸡蛋液在煎煮中产生蛋香，提升整菜的香气。不管如何，美食来之不易，大人们总叮嘱小孩省着点吃，要懂得品味，可筷子落下，总是大块的夹起，塞进嘴里才觉得痛快。

如今海胆越来越稀缺,导致了美味昂贵。饭店里所谓的海胆饭,名声大，海胆少，吃一顿饭还不一定真切感受海胆的存在，蛋香倒是不少的。相比之下，海胆萝卜干鸡蛋煎，却是货真价实的美食哦!

椒盐虾蛄

——最是椒香入味蕾

五十年前，家中老太婆喜欢海上生活，接送船工。船工常赠送虾蛄给老人，她一个人吃不了，就打发给孙子们吃。孙子们吃白灼虾蛄多到舌尖麻木。几十年过去了,虾蛄竟然成为当今人们最喜爱的海鲜,真是想不到的。近二十年，人民特别喜欢吃虾蛄，餐桌上还流行起椒盐风味，今非昔比。或许这般制作是为了满足省外游客，它却渐渐成为南粤大众最喜欢的口味。

虾蛄，分布于太平洋北岸浅海，学名螳螂虾，种类繁多。海陵岛海区不乏虾蛄，多有捕捞上市销售。本地人称虾蛄为“虾婆弹”。这名字令人觉得有趣。婆，喻人老气盛，把它用在虾蛄上还几分深刻，而后面一个弹字，更是刻画虾蛄那一副凶猛的特性。只要你动它一下，它就会用尾部奋力回敬你，刺得你受伤，弄出个流血事件来。未品其味，先品其名，很是佩服渔民的幽默！

虾蛄生长在浅海滩涂的洞穴里。当人们从一个洞口袭击它时，它就会从另一个洞口逃逸。虾蛄靠吃水体中浮游生物或贝类生长,含丰富的蛋白质、脂肪、钙、磷，氨基酸、谷氨酸、甘氨酸等；肉质结实弹牙，味道鲜美，尤以秋季肥壮。满膏虾蛄售价最高，达到 120 元一市斤，如果是“长手臂”，那价格就更高了。

闸坡渔民吃虾蛄喜欢“白灼”，我以为是最精明的品味，精髓在于原汁原味,能让人们深入体会海鲜二字的内涵。除此之外,还有“盐水虾蛄”“清蒸虾蛄”等，风味也不错。椒盐虾蛄更是佼佼者。

鲜活的虾蛄

椒盐虾蛄

市场上购得虾蛄 1000 克，让厨师搭上红尖椒 3 个，蒜子几瓣、淮盐若干。红尖椒和蒜子剁成碎末、酱油两汤匙备用；花生油 500 克下锅烧开，倒入虾蛄爆炒除腥捞起；锅里留下底油，倒入尖椒和蒜爆香，再下虾蛄爆炒，进一步提香，调入生抽和淮盐，翻炒焖焗片刻，即可起锅装盘品尝。

椒盐虾蛄，鲜美中带着微辣与焦香，挑逗舌尖，让味蕾绽放。远道而来的客人，内心总惦记着这一份美食，若能满足，则十分高兴。故此，椒盐虾蛄最是贴心的美食。好友相聚，或休闲聚餐，只要有了它，就可称得上海鲜大餐了！

鲜蚝仔煎蛋

——粒粒辛苦为舌尖

海陵岛马尾海滩和岛东海滩的礁石上，长着一种小牡蛎。人们多称它蚝仔。它生长的环境多在近岸海边礁石上，与近江牡蛎的生长环境有所不同。海滩常遇退潮，蚝仔的生长受到了严重制约，个体显得扁平且小。由于生长时间漫长，体内营养物质因此而浓缩，肉质犹觉鲜美。正所谓“浓缩的都是精品”！

农历的每月初一或十五大潮期，妇女们都下海去采收蚝仔。她们手持一把小工具，蹲在礁石边，小心翼翼地拆解礁石上的蚝仔，取出它里面的蚝肉，一点一点地收获。蚝仔产肉不多，收获一小碗的肉得花上大半天的时光，妇女们两腿都发麻，甚至还会被蚝壳碰伤手指。即便如此，仍有不少妇女到海滩打蚝仔,采收大海的美味。吃一点蚝仔,就知道“粒粒皆辛苦”,来之不易。

新鲜蚝仔的适用性很广，不论制作菜肴或制作小吃，它都是理想的食材。用蚝仔搭配鸡蛋煎成蛋脯，是闸坡乡民的传统风味。这种烹饪，既普通也上乘。两种不同动物产出的动物蛋白相配一起，烹出来的香味对舌尖具有诱惑力，蛋香和蚝鲜加上油脂香叠加起来，让人难以抗拒！

通常是：蚝仔肉 300 克，用清水漂洗几次，将残留的外壳碎屑除尽。铁锅烧热,把蚝仔肉倒入锅中轻焙,让其脱水变得结实。当蚝仔肉已显硬质，就舀起备用；铁锅重新烧热，下花生油爆香姜蒜，倒入蚝仔肉翻炒，下盐、

鲜蚝仔煎蛋

鲜蚝仔煎蛋配菜

采蚝

味精、少许白糖提鲜，装起备用；鸡蛋三只打散，网滤一次，与炒好的蚝仔肉和葱花搅匀，在油锅中铺开煎起，将蚝仔肉收拾分布均匀后，将余下的蛋液浇上一层，文火慢煎至蛋液结实焦香，翻转另一面煎起，煎至金黄色，香味溢出时就可出锅了。煎好的蚝仔蛋脯分割成若干小块置于瓷碟上，即可品尝了。

蚝仔鸡蛋煎是乡民常品之菜。由此联想到食材来源丰富且方便，是地方特色美食的重要因素。乡民都有出海打蚝仔的经历，蚝仔煎蛋自然成为无数家庭的基本菜，因此而成为地方美食特色风味。

香煎“一夜水”

——一夜嬗变成特色

过去的日子里，家中父子出海捕鱼，自然会多尝一口大海的鲜美。渔民每个航次回港，提着“当摆海”腌制的咸鱼回到家里来，让家人邻居都尝尝鲜。闸坡没有哪一个人不知道“淡口还鲜”的味道来自大海的馈赠与渔民的智慧。渔民称这种“淡口还鲜”的咸鱼为“一夜水”。这里的淡不是无味，是最可接受的盐度。

金线鱼（俗称刀鲤鱼）腌制了一夜，达到“淡口还鲜”的口感标准，才称得上“一夜水”。当下，市面上流行的“一夜埕”虽然口感不差，而称谓有失稳重，文化内涵肤浅，还嫌几分俗气。

风帆动力时代，渔民用手钓方式捕获的金线鱼称作“钓口”。由于渔船从作业区回到港口来将耗时一夜，为了防止“钓口”变质，渔民就用粗盐腌制，防护保鲜鱼品。渔船到港后，“钓口的口感不咸也不淡，还鲜美可口”。渔民就根据自身体会为这一风味起名“一夜水”。这个名字作为一个渔产品的称谓，还很有诗意。这是渔民的智慧！

“一夜水”名字概括了鱼品制作的过程及特征。在腌制这种鱼品时，渔民以透水器具为载体。鲜鱼的水分很多，盐力渗透之下一夜中消除，鱼肉随之变得紧致筋道，口味不咸不淡；若用陶埕（类瓮）为载体腌制鱼品，则因埕内囤积盐水，致鲜鱼受盐过度，口感就会变得过咸。由此可见，“一夜埕”是不符合“淡口还鲜”生产实际的臆造，甚至有些人以“埕”字的阳江话读音同“情”来讨俗讨趣，这既伤害了这份美食的形象，也辜负了渔民对这份美食的付出。

腌制刀鲤鱼

“一夜水”咸鱼虽然在各地渔港都有相似的产品，笔者以为闸坡渔民制作的“一夜水”咸鱼较为正宗。上世纪初，闯深海的渔船以闸坡渔港居多，捕鱼技术水平也很高，技术人才较为集中。金线鱼是深海捕捞的产品，也是经济价值较高的产品之一。只有底拖作业方式才会收获大宗的金线鱼。除此之外，渔民在富余时间下，以“一纲钓线”收获金线鱼；恰逢渔船回港，便将这“钓口”用透水的载具轻盐腌制起来。由此可见，闸坡渔民制作的“一夜水”咸鱼是从实际生产中来的。从渔业生产历史的角度出发，相信“一夜水”咸鱼是由闸坡渔民首创出来的。当然，还可以找到更多的证据和理由支持这一观点，在此不宜作深入的讨论。

闸坡渔港的“一夜水”咸鱼在全省很有名气。改革开放之后，生产力大幅提高，渔船的航速也大大加快，还带冰生产。这使得“一夜水”咸鱼的加工生产更有条件，也更加方便，产量也越来越多，产品的受众也就越来越广，一跃成为市场的新宠。

“一夜水”咸鱼虽然是一种鱼品的名称，但它也是一种海产鱼品加工的口感标准。这一标准的对象最初必须是金线鱼、又必须是一夜透水的腌制工艺。后来随着市场需求的增加，不同鱼品加工，其口感上趋同，也属此范畴。渐渐地，用相同方法腌制的其他鱼类产品也称作“一夜水”。

“一夜水”咸鱼虽然是腌制的鱼品，但它用盐不深度，最大程度上保留了鱼的鲜美，不咸不淡，不论喝稀饭还是吃干饭、下酒都是不错的选择。闸坡渔港的“一夜水”咸鱼已成为经久不衰的产品，受到人们的热捧。

香煎“一夜水”咸鱼在某种程度上让咸鱼更加鲜美，还口感香脆。这已成为闸坡渔民对“一夜水”最喜欢的烹饪方式。他们将“一夜水”咸鱼去鳞，除掉内脏，清洗干净，用斜刀法将整鱼切成薄片，取得最大的切面，使更多的鱼肉接受花生油脂的提升；铁锅烧热下油，姜和蒜爆香后，将鱼片贴到锅壁煸至金黄，再翻过另一面煸至金黄，鱼肉达到九成熟的时候，就用少量的水调入少许味精，轻洒到鱼片上，再轻焖片刻，撒上葱花，便可以起锅装盘品尝了。

香煎“一夜水”咸鱼风味焦香鲜味，甘美嫩脆，难怪乡民偏爱这一口，不管是普通百姓，或是贵宾来客，也都十分喜欢这一味道。人们品味之余，都觉得唯闸坡渔民制作的“一夜水”咸鱼风味纯正，也最好吃。这其中的奥妙在于对刚刚捕捞上来的金线鱼保鲜处置方法的正确，最大程度保障鱼的最好品质，才会有后来腌制的鲜美。当然，要达到纯正的风味，腌制方法也很有讲究，用盐用时都要精准。闸坡渔家人都有制作“一夜水”咸鱼的本事，他们从长期生产实践中学习掌握制作技法。

干煎“一夜水”

时蔬烩鱼面

——鱼以面子犹显香

鱼肉制作成面条状被称作鱼面。一般人的理解鱼糜煮熟后，切成片或条状便是鱼面，真实情况却不是这样。

早在 20 世纪 70 年代末，闸坡渔民家办喜事设酒宴，请厨师过来制作鱼面。厨师们就是用鱼肉制成鱼糜之后，经历无数次的捶打，鱼肉结构就紧密细腻如面团，再擀成面皮，切成缕条，这就是鱼面。鱼面改变了渔民对鱼糜加工的一般认识，渔民还很喜欢它的味道。于是，鱼面就成为渔家酒宴菜谱的首选菜，保留至今。

制作鱼面用的鱼，要求肉质具有韧性和可重复捶打，鱼肉还很鲜美，马鲛鱼、门鳝鱼（鳗鱼）都具有这种品质。用刀子将马鲛鱼或门鳝鱼剖开，顺着纹理刮取鱼肉，分离骨刺，然后按一定比例填充淀粉、鸡蛋、精盐、味精，反复搓揉捶打，制出韧性和弹性，接着将鱼糜擀成薄薄的鱼块，切割成条状，焯水固化，便可配菜开炒了。市面上售卖的鱼面，多是鱼腐熟化切割而来的，没多少搓揉捶打擀压，缺乏韧性和弹性。

鱼面焯水后，过冷水增加韧性便可下锅。油锅热起，下蒜、姜爆香后，下鱼面和肉丝炒起装盆备用；热锅下油与蒜爆香，下木耳、红萝卜丝、青瓜丝、金针菇炒起片刻，下鱼面拌炒，添少许料酒混炒和味。水淀粉中加入轻盐、味精、少许白糖下锅收汁勾芡装盆，添上芫荽上席。

时蔬烩鱼面不但鲜香爽口，还营养丰富；拌炒材料有红、黄、绿、黑、白等颜色，美化品相，还增加维生素，清新口感；肉丝加入，增加了鱼面的肉香，提升整菜风味。

虽然制作鱼面很麻烦，工序也很多，还辛苦，但渔民愿意做。鱼面制作改变了人们对鱼产品的一贯做法，拓展了人们对鱼品烹饪思维。虽然鱼面制作耗时耗力，却赋予美食更多的情感，更体现渔民吃不厌精的文化意识。

时蔬烩鱼面

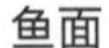

鱼面

时蔬烩鱼面配菜

小章鱼炒沙姜

——一任香辛为脆鲜

小章鱼，学名短蛸，又称望潮鱼。

望潮鱼能准确感知大海的潮水涨退，随潮水而动，因此而得名。小章鱼体长一般 15~27 厘米，通体柔软，灰白色，阳江海区各处均有分布。小章鱼以海水中浮游生物或海洋软体动物、贝类、甲壳类动物为食。渔民多使用笼子或陷阱诱捕它。

小时候赶海，常见到渔民用绳子连结数个小陶罐放置在海滩上，后来才知道是渔民设下的陷阱，专门捕捉小章鱼用的。佩服渔民的聪明才智。小章鱼喜欢栖息洞穴，渔民抓住它的特点，就用陶罐制造洞穴，引诱小章鱼进来栖息，从而捕获。这种捕捉方法很管用，前一天设置了陷阱，第二天就有了收获。退潮赶海，偶然也会遇见从洞穴里爬出来的小章鱼，浅水中张开触爪，悠悠而动，不胜惊喜，将它收入篓子里去。虽然收获不多，感觉很重大，很得意自己这份意外的收获。

小章鱼含丰富的蛋白质、脂肪、碳水化合物及多种微量元素和维生素 E、B、C 等营养成分，脂肪的含量极低，肉嫩鲜脆，易于烹煮。小章鱼可以搭配多种食材烹制成美味，还可以熬汤，即便是白灼，蘸上一点酱料，风味也非常好。若获得一两斤的小章鱼，敢情是一顿海鲜大餐了，一定来几瓶啤酒伺候！

乡民烹调小章鱼有多种方式。比如：红烧小章鱼、酱香小章鱼、小章鱼炒芹菜等等。若论起风味，沙姜炒小章鱼倒是不错的风味。小章鱼是水中软体动物，食性偏寒，以沙姜相制，能驱除寒气。沙姜为一年生草本植物，味辛、性温，入胃经。《本草纲目》载：沙姜“暖中，辟瘴疠恶气，治心腹冷痛，寒湿霍乱”。沙姜有樟脑般的气味。这种气味不但有效制服海鲜的腥味，还能提鲜增香，令风味独特。近三十多年，乡民使用沙姜烹调美食越来越多，喜欢沙姜那股子的香辛味。小章鱼虽然腥味不是很浓重，但它爽脆的口感与沙姜最是合拍的，似是绝配。沙姜能在舌尖上夸张小章鱼的爽脆，渲染浓浓的野味。

剖开小章鱼，去掉内脏，分切成小块，焯水去腥，再下热锅，六成油温爆过增脆备用；沙姜剁碎与蒜末一起下油锅爆香，再下小章鱼至油锅中与沙姜翻炒入味即熟，调入一小汤匙的生抽、少许味精、白糖提鲜，接着下葱段拌炒片刻，装盆上席开吃。

这道风味不但乡民们爱吃，到海陵岛旅游的客人都喜欢这款地方菜。他们认为小章鱼炒沙姜很有特色，爽脆开胃，最重要的是这里的小章鱼多是活鲜,烹饪上保持原汁原味,在很多地方吃不到。此味真能下很多的美酒。

小章鱼炒沙姜

小章鱼

海陵珍珠马蹄炒杂

——如珠如烩话特色

小时候，到亲戚家饮喜酒，知道酒宴能吃到我最喜欢的一道菜——炒杂，就很高兴。时至今天，闸坡乡民宴请，也离不开这道菜。这是球叔留下来的味道，岁月没有忘记这款闸坡美食经典。

球叔是一个普通工人，长得虎背熊腰，典型的大厨模样。他年轻时在富人家打工，给人做饭，掌握了许多烹饪技艺。中华人民共和国成立后，球叔进入了工厂当工人，业余时间，给人置办酒席，站锅头掌勺。炒杂，是球叔的独门绝技。他烧制的炒杂，锅气十足，火候准确，味道浓郁，香醇爽脆，还色彩斑斓，口感丰富。那个时候球叔做炒杂，没有珍珠马蹄可用，用的是大马蹄配菜。20 世纪 80 年代初期，市场上出现了海陵珍珠马蹄，厨师们才用它来配菜，这就有了新风味。所谓珍珠马蹄，说的是马蹄果实如手指头大小，似珍珠，与普通马蹄不一样，而且它唯独海陵岛产出。

海陵山底村向南有一块沙质盐碱田，是海陵珍珠马蹄的原产地。20 世纪 80 年代初，乡政府组织村干部到粤北某地参观新农产品推广种植现场会，有村干部从那里取了一些马蹄种子回到海陵，种到这块盐碱田里去。几个月之后，马蹄的长势很喜人，收获时却发现马蹄果实出奇的小，肉质却十分紧致，还很弹牙，口感与一般马蹄不同。村民就拿它到市场上卖，市场反应良好。于是，海陵村民就扩大种植面积，还把这种个头小、口感特别的马蹄称作海陵珍珠马蹄。目前，海陵农户“田中宝”合作社把这一产品做成了知名品牌大产业，年产量 200 万公斤，产值达到 6000 多万元，产品销往国内各大农产品批发市场。

海陵珍珠马蹄是怎样形成其软糯弹牙品质的？业界尚无定论。我曾向有关专家请教，说出自己的想法，得到专家们的认同。山底村的盐碱田一向生长着一种植物，乡民称其田葱。田葱果实与海陵珍珠马蹄果实很相似。马蹄种子一旦落在这块田地里，种出的果子一如田葱的果子，这与土壤的盐碱及其沙质特性有关。植物的异化就是从土壤开始。当然，海陵珍珠马蹄的成因会有很多，这得留给科研人员进一步研究。

乡民喜欢把鸡内脏、猪内脏等材料与海陵珍珠马蹄配菜。这种动物内脏被乡民泛称“杂”。炒杂，就是用这些动物的内脏为主材烩制出来的风味。这些动物内脏不但有营养,还十分爽口,风味独特。不管酒宴基于哪一个层次，乡民的意识里，炒杂是不能缺的。

珍珠马蹄炒杂

球叔烹制的炒杂，虽然没有大酒楼的样子，却有它独到之处。我特别喜欢球叔炒杂鲜香甘醇的味道，它太经典了。球叔把鸡胗做成了菊花的样子、猪肚做得爽脆弹牙，配上色彩鲜艳的蔬菜，就十分好看，还有刀工巧妙的芥蓝茎、熟得恰如其分的马蹄子，都令我无法移开筷子，总在那盆炒杂上落箸。

球叔已离开我们好多年了，如今有了海陵珍珠马蹄作配菜，球叔当然没有做过。怎样把球叔做出来的风味与海陵珍珠马蹄结合起来，还真的考验着新一代厨师。闸坡乡民家宴中的炒杂，多请本地渔妇大厨制作。这些厨师大都上了年纪，吃过球叔烹饪的味道，制作起来总有球叔的影子。如今海陵珍珠马蹄取代了大马蹄做菜，在传统风味上多了一份软糯弹牙的口感。奇怪的是，酒楼大厨们的炒杂，总做不出往日球叔的味道，个中原因窃以为：酒楼大厨们多有学院派思维，难以融通最乡土的风味，炒出来的菜品中规中矩，就是缺少乡土气息。渔妇大厨继承了球叔的味道，巧手烹制，使用的调味料及其分量已成惯势、无法言传的秘密，由习惯养成，且为技术上独到。

海陵珍珠马蹄去掉外皮变得更细小，犹似珍珠；芥蓝主茎褪去外皮；斜刀开片如翠玉；红萝卜开片、木耳水发成朵与马蹄、芥蓝焯水半熟过冷水还青备用；鸡猪杂用刀开花，焯水成形，沥干水分下油锅，与蒜姜葱白一起爆炒至半熟，装起；油锅再次烧起，下鸡猪杂爆炒，添酒料、生抽、蚝油、白糖、盐、鸡精入味，添水少许，焖制 2 分钟至熟；下海陵珍珠马蹄、芥蓝红萝卜、木耳诸材料拌炒片刻，下水淀粉收汁即可装盆，添芫荽装点上席。

首先映入眼帘的是菜品上那一撮香菜，叶子间透着丝丝缕缕的热气，散发出一股浓浓的醇香，所有食材都在斑斓锃亮的色彩中打滑，海陵珍珠马蹄露出它雪白的容颜，以圆融的模样给这份美食添加不少颜值。海陵珍珠马蹄粉香中兼带软糯弹牙，配上鸡猪杂的鲜嫩，在一股醇香引带下渗入舌尖的每个味蕾里去，真让人体会什么叫做口福。这是一道十分地道的乡土风味，品尝之后，就知道闸坡乡民酒宴上为何不缺它，而且经久不衰的原因了！

收获珍珠马蹄

珍珠马蹄叶子

珍珠马蹄果实

鱼腐炒藠菜

——大家夹箸还再来

俗语“鱼腐炒藠菜,大家夹箸还再来”说的就是这款菜有着不俗的味道,人人都喜欢吃。

藠菜在我国南方各省均有种植。藠菜的叶子深绿色，管状似葱，基部为球茎。药典说它理气解郁，通阳祛痰。海陵岛不少村子种藠菜，塘选、那义两村虽然不大，村前的一块半沙质田地，生长着优质的藠菜。这里的藠菜，茎干粗壮，口感爽脆，藠香特别浓，在海陵岛上很有名气。

乡民喜欢藠菜不亚于喜欢鱼和肉，平日里配餐，或是节日里加菜，都会吃藠菜。比如包菜炒藠菜、五花肉炒藠菜、荷兰豆腊味炒藠菜等，藠菜既可作主菜，也可作配菜。乡民就是喜欢藠菜的爽脆与藠香。

中秋过后,藠菜就陆续上市,闸坡、白蒲农贸市场就热销起来。这个时候,各种鲜鱼也聚集上市销售。藠菜搭配鱼腐成菜，成为乡民季节且聚集性的品味。

有村民说，吃藠菜，就是吃它的脆，听那卟卟响；鱼腐啖啖是肉，没有骨刺，满嘴鲜美。这话道出了村民吃藠菜炒鱼腐的真实感受。藠菜与鱼腐相配菜,藠香中有鱼香,荤味中有素味,鲜滑中爽脆。藠菜含蛋白质、脂肪、碳水化合物、钙、磷、铁、维生素 C 等; 鱼腐含丰富的蛋白质、不饱和脂肪酸。二者搭配，可称得上是健康美食。当然，乡民通常使用马鲛鱼、门鳝鱼加工的鱼腐与藠菜相配。马鲛鱼和门鳝鱼，筋道鲜美, 拆解了鱼刺的鱼肉深度

鱼腐炒藠菜

鱼腐和藠菜

捶打后，肉质柔韧，滑嫩Q弹，经得住翻炒，不轻易碎片化，既可口又有品相。

藠菜去掉青绿叶子部分，用白嫩的球茎为菜；鱼腐切片、搭配本地香芹少许增加风味。油锅烧热，蒜蓉爆香，下五花肉若干片，下鱼腐与五花肉翻炒，添盐、糖、生抽、鸡粉、水少许，翻炒均匀焖香成熟之后，下芹菜少许炒至深绿色，再下藠菜混炒，达到八成熟时，即可添水淀粉收芡，装盆上席。藠菜不耐热，久煮会韧化，极不好吃，火候掌握很重要。鱼腐炒藠菜搭配五花肉、本地香芹，品相色彩鲜艳、条块相衬，真是好看又好吃的佳味。

当一口鱼腐炒藠菜在口腔里翻碾，甘鲜香美轮番演绎开来，难怪乡民会说“大家夹箸还再来”！

种植藠菜

种植藠菜

豉汁焖水蕹菜

——清爽乡品犹致好

闸坡莳元村民种植水蕹菜历史很久远。每年的清明节过后，村民就办田种水蕹菜了。到了五月，水蕹菜已有长势，主干在水下纵横穿越，不用多久，水面上浮现绿油油的一大片。

莳元水蕹菜以茎干粗壮，叶子阔大，口感爽脆而闻名远播，深得乡民的喜爱。豉汁焖水蕹菜，不说最美，当是更美，已是乡民最喜欢的风味素菜，而它给人感觉不到素，味道还很丰富，爽口甘清。这完全是豆豉与水蕹菜二者共济的结果。

阳江豆豉在全国出了名。阳江人制作豆豉的历史已有数百年。相传是乡下一妇女在收拾豆子中不经意的发现，后来改良发酵方法，使豉香更加厚重，甘醇美味。乡下人喜欢制作豆豉，常用豆豉配菜，豆豉能让主菜优势味道更加突出，使食材有着丰满的豉香。

每到暑季，村民挑着菜担子，穿街过巷叫卖水蕹菜。我家邻居贵婶子认准了莳元村的水蕹菜之后，就从菜担子里挑上数斤鲜嫩的作备菜，午晚饭都吃它。贵婶子童年做过富人的童养媳，常下厨房做菜。她对我说："富人很喜欢莳元的水蕹菜，都用豉汁泡制呢。要不，我就不会做这道菜了。"贵婶子除了做豉汁水蕹菜外，还曾用过椰子油炒水蕹菜，那风味也很特别。

水蕹菜清洗过三遍之后，就以一叶一节为度掐断菜茎，用力一捏，使蕹菜茎破裂容易入味，然后将菜扎集中归置起来；豆豉用水泡软，揉捏成豉酱，加入一小勺精盐、生抽；掰得蒜头两个，拍破剁碎备用。热锅烧起，

豉汁焖水蕹菜

种植水蕹菜

下猪油，投蒜末爆香，将水蕹菜整束抓起，茎段朝下，如栽种模样下锅，在菜面上浇过豉汁，便盖上锅盖大火焖上 5 分钟，下水淀粉收汁装盆。水蕹菜出锅容易改变颜色，影响观感和口感。贵婶子对我说：“蕹菜下锅时，得多放点油，菜茎菜叶沾满油脂就不会变色了。”我知道油脂通过热效均匀分布，阻断空气氧化，才使蕹菜绿色不变。

豉汁水蕹菜是一道花钱少，口感非常好的家常菜。菜叶熟后软绵，饱含豉汁、菜茎爽脆，入口清甘，这都有赖于莳元村水蕹菜的优良品质。围绕水蕹菜烹饪方法很多，如咸虾酱焖水蕹菜，风味也很不错。虾皮腌制加工成酱，虾味浓厚，霉香回鲜，使一道素菜有了荤的味道，很受乡民的欢迎。

盐焗大虾

——唯焗留得鲜甘爽

乡民日常三餐，除了肉蛋蔬菜米面之外，海鲜是不缺的，虾是常见也常吃的海鲜。乡民吃虾五花八门，烹饪方法有白灼、油爆、清蒸、盐擦等，这些烹饪都能吃出虾的真味道。如果要探寻最本地的风味，我以为盐焗大虾最能体现乡民对美食原汁原味的坚定性。盐焗，可理解用热盐将大虾焙熟，方法极其简单，味道却是不错的。

盐焗风味或许源自出海渔民的烹饪。船上烹饪食品，最省事是从盐舱里抓一把盐，置于锅里炒热，把鱼虾埋进热盐堆里，焙熟开吃便是了。凡出过海的人，都有过这般体验。小时候在父亲船上吃饭，“伙头更”给我做了一回盐焗大虾。当他把盐焗大虾拿给我吃时，发觉那虾足有三两多重，一个饭碗装不下。剥下虾壳，将虾肉塞进口里时，感觉满口是肉，十分筋道，也十分甘鲜，一股幸福感随之而来。那时觉得世界上，最好吃的就只有这一只大虾了！

这次相遇，竟成我一直认定的大虾美味的标准，唯盐焗好吃。大虾的谷氨酸钠含量很高，所以它鲜味浓重；大虾的生命力很强，以弹跳的方式，展示生命的力量，所以它的肉质筋道；大虾只有外部甲壳，没有肉里的骨刺，所以口感丰满。现在生产少见特大对虾，原因有多方面。渔业捕捞强度增强，小虾刚长大，已被捉起，送到餐桌上来。围养的对虾不用说会长到特别大，养虾的高风险无法让虾长期囤养。市场上淘虾，能遇上大一点的，已觉惊奇，买回家里，白灼起来，原汁原味地品尝，已很觉鲜美，但缺少的是筋道，找

盐焗大虾

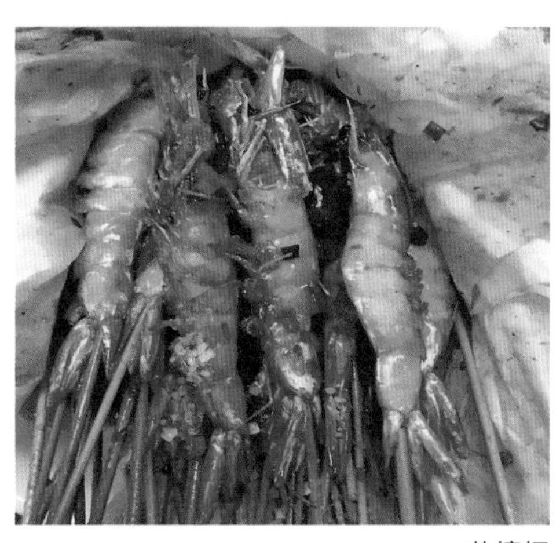
盐擦虾

爆炒大虾

不到小时候品味的感觉。若能得到特大的对虾，还是盐焗好吃！

虾的生长时间越长，虾肉的营养物质积聚就越多。当大虾在热盐高温之下，不断挥发水分，盐力借得热效在虾壳阻隔下，渐进式渗入到虾肉里去。这种悄无声息的渗透，改变了虾肉的物理特性，肉质结构也越来越紧致，口感更加筋道。随着虾肉水分被焙干，盐味也就终止了进程，并以舌尖最接受的程度成就了这一份美食。

当大虾从盐堆里挖出来时，浓重的鲜味已扑鼻而来。掐断虾头，剥离虾壳，眼前就是一坨丰满的虾肉。当第一口虾肉塞进牙床里开碾时，新鲜的口感已把舌尖上留下的其他美味抹掉，唯有它最美。不由感慨大海最鲜美的东西已在我的二指之间拿捏着、舌尖上品味着。心有所想：没有什么风味不可把握的，感叹我们生活在海边有多么的幸福啊！

大虾的烹调方式还有很多，比如盐擦虾风味也十分了得。若是选择盐擦，则多选一市斤约二十余只虾为佳，这种虾容易入味，特别是秘制的酱料加入，使味道变得更加丰富，酱香犹浓。具体做法是：鲜虾染上酱味之后，用锡纸包裹起来，通过热盐攻熟对虾，就有了擦虾的风味了。你不妨试试！

姜葱焗青蟹

——鲜美还得姜葱味

提起青蟹，没有人不熟悉它的。乡民喜欢青蟹不只因为它好吃，它还是乡民礼尚往来的首选礼物。逢年过节，走访亲友，提上几斤青蟹作为好礼相赠，犹显得热情大方。

由于海岸线多受人为侵扰，滩涂遭遇填土，青蟹赖以生存的环境受到了冲击，栖息的地方已越来越少，野生青蟹也就日见珍稀。阳江沿海地区有不少农户筑围养殖青蟹，增加市场供应。因此市面上出售的青蟹多是养殖的产品，与野生蟹相比不在一个档次上，没有野生蟹那般鲜美。海陵岛缺少养蟹的滩涂，渔户很少从事养蟹，多从海里捕捞。到闸坡各处农贸市场买蟹，或许能买到野生的真蟹，但价钱却是很贵的。

青蟹，学名锯缘青蟹，土名真蟹，生长于潮间带海域，喜欢觅水体中的微生物、小鱼小虾为食。青蟹多藏匿于浅滩红树林下产卵，随潮水而进退，来不及逃逸的，就躲进洞穴或石缝、红树根下的浅水坑里。退潮时，渔民带上一根铁钩，到红树林里循迹寻踪，找到其躲藏的地方抓捕。

青蟹含有丰富的蛋白质，氨基酸种类齐全，蟹黄含有丰富的磷脂和其他营养物质，口感如咸蛋黄一样甘美。《本草纲目》记载青蟹性偏寒，煮食时得加入生姜去腥驱其寒性。而闸坡乡民却持不同的观点，视青蟹为补品，身体虚弱之人，可用青蟹焗饭吃，而且是夜里吃，说最能补虚，可收到很好的效果，累试不爽。

乡民烹制青蟹一般不大下盐或少下盐。他们认为：蟹内含有一定的海水，带有一定的盐味，若再添盐不当，会导致口感偏咸。实践中确有此事，调味时只好谨慎一点。

姜葱焗青蟹

鲜活的青蟹

乡民设酒宴，请来渔妇大厨掌勺，指定一味姜葱焗青蟹，这是乡民最喜欢的味道。青蟹冲洗一番之后被晾起备用；油锅热起，姜数片、蒜子若干、葱白等，置热油中爆香；青蟹仰面按住，以脐处为中线，果断下刀斩成两段，将断面贴到锅底，如此这般，快速将青蟹下锅。调入少许料酒去腥、酱油和味、白糖提鲜，迅即严盖焖焗 12 分钟。炉火正旺，锅内的青蟹发出啧啧的声音，大厨就抓起水瓢，隔着锅盖，沿锅边走圈式续下少许清水，以保持锅内蒸气不间断。青蟹含一定水分，受热时会分解出一些蛋白质，凝固如絮状，若火力过猛，烹饪时间稍长，会很快烧焦。适时添加少许清水，以保证青蟹熟透。当锅盖揭开时，一股浓浓的鲜香引得口水快将流出来。只见青蟹已改变了颜色，红艳艳的一大锅，亮着油光。青蟹出锅前，大厨将葱段投下，覆盖秒焖，然后再起锅，使满锅青蟹瞬间变得葱香起来，端上餐桌来还冒着热气。

姜葱焗青蟹鲜美可口，掰开蟹壳，雪白的蟹肉散发着诱人的甘香。简单的料理，保留了青蟹的营养与鲜美，又克制了青蟹的寒性，真是一举两得。相反，“若加工环节过多，配料过杂，吃不到原汁原味的青蟹了。”渔妇大厨这样说。我以为，这是乡民的美食观。姜葱焗青蟹是普通人家的烹调，被应用到大酒宴来，足见乡民品味上的清淡意识，不论何种场合，都是十分坚定的，不得不佩服。

油炸狗肚鱼

——脆裹的那个鲜哟

油炸狗肚（闸坡疍家人读肚作吐）鱼，虽然上不了大酒宴的餐桌，但在亲朋小聚吃饭时，还是很受欢迎的。乡民吃狗肚鱼，更喜欢吃油炸狗肚鱼，它香脆裹着鲜嫩，似有质感，又无质感，令人回味。

狗肚鱼，也称龙头鱼、狗母鱼、豆腐鱼、流鼻鱼等。它全身银色透明，头部如龙头，无鳞，手感柔软，不经硬碰，易破烂。狗肚鱼属浅海低层鱼类，栖息于泥沙质海域，在我国沿海各地都有分布，具有一定的产量，尤以流刺作业、围网作业产量最高。

狗肚鱼集中每年夏秋季节成汛，捕捞上市，此时闸坡农贸市场就热销狗肚鱼了。它成为乡民季节性烹饪品尝的美食。狗肚鱼含丰富的蛋白质、微量元素、多种维生素、不饱和脂肪酸等营养物质，口感浮松、爽嫩鲜美，可炸可蒸可汤，多种吃法，而乡民的品味，首推油炸。

乡民认为，狗肚鱼对身体具有“壮”的功效，用它配葱段和精肉煮汤，如喝奶汁一样，但比奶汁鲜美得多。乡民也认为狗肚鱼是水质鱼，食性偏寒，煮汤得多加姜或胡椒，改变其食性。胡椒能使鱼汤口感丰满，味道多了层次，很开胃。鱼汤虽然好喝，乡民却很少使用它招待亲朋，总觉得不够体面。若狗肚鱼裹上淀粉油炸，却是宴请招待的常菜。油炸狗肚鱼外皮爽脆焦香，里子肉嫩鲜美。这样的风味是很多油炸鱼也难能达到的。

年轻人最喜欢吃油炸狗肚鱼，他们也懂得怎样制作。把一条狗肚鱼去鱼头鱼尾，余下的切成两段，裹上一层淀粉糊后，在六成油温下炸起。当所

油炸狗肚鱼

有鱼件炸过，再回锅轻炸一遍，捞起装盆，配上椒盐或酸甜酱上桌品尝。油炸狗肚鱼如黄金裹件，进入口腔里，一股脆、香、鲜、嫩在舌尖上相互跳动起来，脆裹的那个鲜哟，无法形容！

当然，若嫌油炸过于焦燥，吃之容易上火，也可以先将狗肚鱼抹一点盐，整鱼摆放到瓷盆子里，撒上胡椒粉和姜丝，隔水蒸上 5 分钟，滤掉盆子里的水分，下花生油再续蒸半分钟，揭盖出锅，注上蒸鱼生抽，撒上葱花提香即可品尝了。清蒸狗肚鱼清新软滑，甘鲜爽口，也是一道极品呢！

新鲜狗肚鱼

墨鱼韭菜饼

——乡土之味也西式

新鲜墨鱼与荷兰豆、马蹄、蔃菜焖炒是闸坡乡民的习惯吃法，也是闸坡的一道名菜。而近些年，对墨鱼烹饪增加了不少新的做法，比如椒盐墨鱼、墨鱼韭菜饼等，引得舌尖无法停歇下来。

墨鱼剥了皮，捶打成泥之后，捏成小饼状，用花生油煎起，香芹、白糖、料酒、味精搭配焖煮，十分好吃。这种做法不但闸坡，阳西及其他地方渔港都有。阳西沙扒渔港的墨鱼饼很有特色，风味很不错。闸坡与沙扒是阳江两个深海渔业基地，都以底拖作业为主，饮食文化有相近之处，制作墨鱼饼自然也是相似的风味。

墨鱼韭菜饼与纯墨鱼饼有所不同，是近十年出现的新烹饪方式。这种烹饪是在传统墨鱼饼的制作上加入了韭菜，黏上面包糠，油炸得酥脆而成，样子有点西式范。随着这种吃法越来越多的人接受，乡民在不同的饭局上多有圈点，渐渐成了一款地方风味。当然，这款风味可能在其他地方也存在，但以本地食材制作而成的美食，应当算入地方风味吧？我是这么想的。

墨鱼韭菜饼好吃的前提，必须是最新鲜的墨鱼，唯其才有卓越的风味。渔民说，阳江海区的墨鱼多在春季出现，在近岸浅水海域游动，它们为了产卵生育，寻找适合的地方交配。渔民为了抓到墨鱼，用雄性墨鱼诱雌性墨鱼接近，用抄网捕获。雄性墨鱼身上布满了花纹，水中游动，散发斑斓的色彩，吸引雌性墨鱼过来。世界真奇妙，动物也好美色啊！

墨鱼韭菜饼

墨鱼韭菜饼

墨鱼含丰富的高级蛋白质和不饱和脂肪酸，有一股甘鲜的味道，其营养物质容易被人体消化吸收。鱼肉在重力捶打之下，黏性增强；适度加入鸡蛋清，烹熟后会变得爽口。墨鱼肉泥调入精盐、味精、白糖少许，搅拌均匀后，制成挤子，包入韭菜馅压成饼状，黏上一层面包糠备用；用纯净花生油下锅烧至六成油温，下墨鱼饼至热油之中炸起，至香味溢出，即可捞出，稍待片刻，重新回锅油炸一次便可摆盆装饰开吃了。

墨鱼的鲜美与韭菜的浓香融于一体，既改善了鱼腥味，又达到鲜香的效果；既有丰富的蛋白质，又增加了维生素、膳食纤维，营养可谓均衡。难怪乡民偏爱它。浅尝一口墨鱼韭菜饼，酥香占满了整个口腔，舌尖同时有了墨鱼的鲜和韭菜的香，深尝下去，欲罢不能……

墨鱼韭菜饼依然是乡土风味，但它外表的形态有了西式美食的范，给人一种前所未有的感受，因而被广泛接受，各种宴会，多有制作飨客。品味墨鱼韭菜饼之余，我想到：围绕海鲜烹调，吸收西式做法会逐渐多起来，传统的风味将会接受更多的挑战！

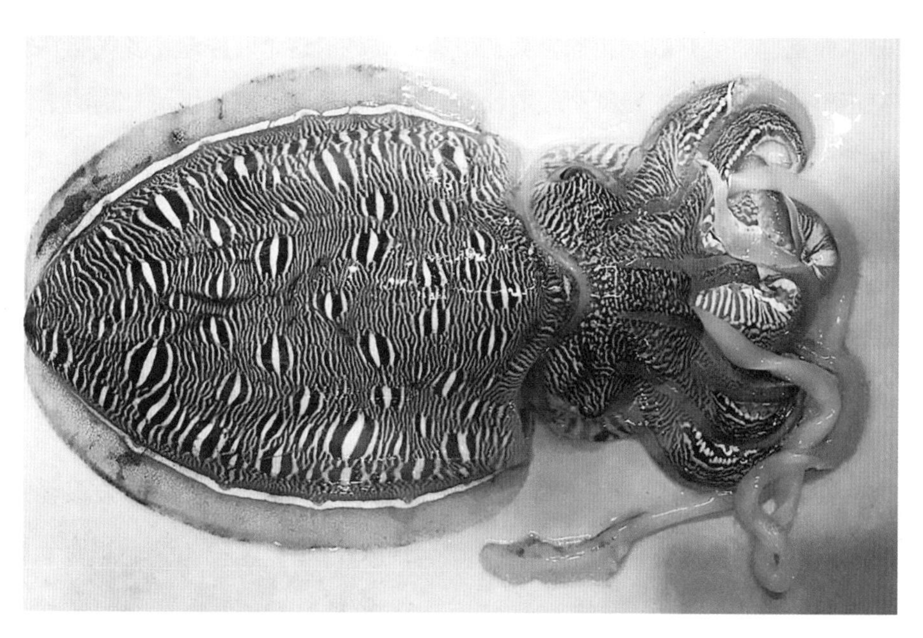

新鲜墨鱼

油炸鲜蚝

——外焦里嫩有甘鲜

阳江地区民众习惯称近江牡蛎为蚝，以牡蛎加工出来的产品有蚝油、蚝豉等；烹饪食品有焖蚝、清煲蚝、炭烧蚝、油炸蚝等。每年秋后时节，阳江各地的鲜蚝陆续上市，品质尤佳，产销十分热闹，尝蚝一时成为热门的话题。

如果仅依靠采收自然生长的蚝供应市场，人们要品尝这份美食就不那么容易了。养殖技术的发展，使人们轻易品尝到鲜蚝。阳江海区可供养殖牡蛎的海域不少，海陵湾就是生产肥美壮硕牡蛎的天然场所。早在20世纪80年代初，水产技术部门在海陵湾推广了桩架吊养牡蛎技术，一时海陵湾的水面上，铺展开数千亩的桩架，吊养牡蛎。从这个时候起，乡民吃牡蛎已不再是一件难事，新鲜肥硕的牡蛎成为人们的家常菜，围绕牡蛎的烹饪方式也就越来越多，烹饪很多新花样和新风味。

长期习惯于食材的某一种烹饪，会让这种风味成为经典。比如：本地芹菜大蒜焖烧鲜蚝，就是乡民长期习惯的味道，可以称得上经典风味。经典在于准确地把握鲜蚝的天然特质，在本地出产的香芹提点下，改善蚝的腥味，还糅入点睛般的白糖，使鲜蚝的鲜美加倍释放出来，焖出了乡民最喜欢的味道。

尽管焖鲜蚝为乡民所热衷，但油炸鲜蚝却也在乡民酒宴和亲友聚餐的餐桌上频频出现，人们不但看重它鲜脆的口感，还“大盆大砵”，很有分量的视觉效果。

油炸鲜蚝

鲜蚝用清水洗净肉瓣里的杂质后，沥干水分备用。水淀粉调成糊状，兑入少许葱花调匀；锅里下适量的花生油，慢火将油烧至六成热度，将鲜蚝裹起一层米糊，就有序地将它投放到油锅里开炸，待炸件已出现均匀的金黄色，浮在油面上时，即可捞起，稍待片刻，重新下锅回炸一遍，待余油滤干之后上盆，配上五香椒盐或味酱即可开吃。

鲜蚝在米糊包裹下油温中脆化，油香渗入到鲜美的肉质里去，外皮粘得几点香葱，风味层次得以提升。油炸鲜蚝，外形金黄，形态各异，饱满悦人。一口油炸香蚝，咬下的一刻，风味已经入口，再来一口小酒，接着又来一拨的香鲜爽脆的体验——唯此，才是真蚝味！

鲜蚝

揞汁狗棍鱼

——汁浓味鲜说特色

长蛇鲻鱼被当地人称作狗棍鱼，其形体似一根棍棒，颇有打狗棍的样子，比喻很形象。狗棍鱼虽然样丑，肉质却十分鲜美，特别是它特有的气味，很能与其他鱼类区别开来，烹饪之后成为一种吸引舌尖的味道，令人印象深刻。

即使狗棍鱼骨刺很多，乡民一样喜欢贪食。深究原因，狗棍鱼在南海最为常见，常有大产量。它有助阳补虚的保健功效，乡民深刻体会而推崇。狗棍鱼用盐腌制之后，自身特种气味更加浓烈，转而上升到另一种风味。体形小一点的新鲜狗棍鱼适合用盐轻度腌制片刻烹饪成菜。乡民习惯用“揞汁”的烹饪方法，使新鲜的狗棍鱼更诱惑舌尖。从中能感受乡民对“揞汁”风味的偏爱。

“揞汁”一词为阳江的地方用语，指的是“半煎煮”的状态，一种似焖且煸的情形。这种烹饪在乡民意识里是十分坚定的，而且推及许多鱼品烹饪加工。揞汁，既让食材保持一定的焦香，又十分看重食材烹煮中溢出的营养。乡民认为“肉烂在汤”，汤承载着食材最精髓的东西。烹饪过程中，食材的营养物质融化于水，而成就美味的汤汁。从营养或风味角度看，汤汁是最好的营养载物。美食达到焦香又甘润，唯有“揞汁”才可做到。

狗棍鱼的肉质略带疏松，下锅前在鱼身上轻抹少许盐，用板刀将其轻轻拍打，使鱼肉在盐力和压力的双重作用之下结构紧密，为美味打下了良好

揞汁狗棍鱼

的口感基础；蒜头两个、姜片三片、香葱段若干备用；油锅烧热，下适量花生油，以满足鱼肉吸收为好；将蒜、姜片、葱白置油锅中爆香，把狗棍鱼紧贴锅底锅壁煎起，感觉贴锅的一面已经轻微焦变了，就翻转另一面煎起，如此煸起，鱼肉变得焦香后，调入少许生抽，添加足量的清水，下锅盖焖烧 6 分钟，以保留一定的汁液为宜，揭盖后下少许味精、葱花即可装盆开吃。

揞汁狗棍鱼，最大的特色是鱼肉蘸满了浓汁，厚味中还焦香，不温不燥，香而鲜美，尤其汤汁是下饭的神味，故乡民吃不厌倦！

狗棍鱼

揞汁萝卜干海鲤鱼

——天然绝配出鲜美

乡民对高蛋白质的鱼多用“揞汁”的方法烹饪，这种方法能将其烹出鲜美的模样，在口感上更美化它的营养价值。

关于“揞汁”其语义及风味前面已说过，这里不再赘述。要说的倒是这道菜在食材搭配上神来之笔。

闸坡渔民称鲣鱼作海鲤、血贯鱼或杜仲鱼。鲣属金枪鱼科，比同科他种鱼类的形体小很多，躯长一般 40~50 厘米。海鲤鱼为深海鱼类，季节性明显，多用围网捕捞。所以在海鲤鱼旺汛季节，闸坡农贸市场多有销售，成为季节性风味。

海鲤鱼肉质粗糙，呈深红色，其蛋白质比较其他鱼类丰富一些，还含不饱和脂肪酸、氨基酸及多种营养物质。海鲤鱼有一种浓重的鱼腥味，对搭配的食材具有覆盖性，唯有豆豉、萝卜干的味道可与之抗衡共融。揞汁萝卜干海鲤鱼是乡民最传统又经典的吃法。

二十多年前，有外乡美食家来闸坡采风探味，当地人烹制揞汁萝卜干海鲤鱼给他品尝。美食家尝过之后，称赞萝卜干与海鲤鱼是天然绝配，没有第二，其他食材搭配都没这个好。而揞汁是最佳的烹制方法，唯此风味最佳。过后，这个美食家多次来闸坡，要求接待单位制作这款菜品尝。他念念不忘这道菜的风味，一边吃一边赞美不停！

海鲤鱼的售价低，肉性偏“湿热”，被乡民看不起，列为低档次食材，用最普通的食材搭配烹饪，目的是为了抗衡它浓重的膻味，却无意之间成

揞汁萝卜干海鲤鱼

新鲜海鲤鱼

揞汁萝卜干海鲤鱼配菜

就了这份佳味经典。

新鲜萝卜切片晒干，阳光在每一块萝卜上浓缩了营养，酿造风味。烹调中，热效分解萝卜素到汤汁里去，以最尖锐的渗透力，渗入到海鲤鱼肉的结构里去，改变它的味道。海鲤鱼肉质结构粗糙，无法阻挡萝卜干强劲进攻，相反不断地吸收萝卜干的风味，消除自身的腥味，渐渐地突出了自身的鲜香甘美。揞汁的方式恰好让二者深度融合，独特的风味就在汁的浸润之下神奇般的生成。

萝卜干海鲤鱼风味特别，烹饪制作不难。乡民的做法是：清除海鲤鱼的内脏，将鱼身清洗干净，鱼肉切成一定厚度的片状、萝卜干切成条状，用冷水泡上十分钟捞起沥干备用。油锅烧起，下蒜头爆炒至香，下萝卜干开炒小熟后装起备用；重新烧开油锅，下姜蒜爆香，下海鲤鱼片贴锅壁煸至焦香后，与萝卜干一起小炒和味，下豆豉酱汁、少许生抽、小盐、味精，加水大火烧开，焖煮 6 分钟，下水淀粉稠汁，葱段增香，装盘开吃。

揞汁萝卜干海鲤鱼融合萝卜味、豉香味与鱼香味，舌尖感觉鲜美，齿颊留香，堪称乡土风味中的佼佼者！

泥焗鸡

——新潮的乡土佳肴

家禽牲畜作为食材，乡民都喜欢，甚至作为重要的食材纳入菜谱中去。如鸡，既为重要的食品，也为祭祀的供品。“无鸡不成宴”，说的就是鸡在乡民饮食中的重要地位，每设酒宴，必备鸡肴。

由于祭祀常用水煮鸡或整只蒸鸡作供品，乡民因而多吃白切鸡。这是习俗演变过来的风味及品味习惯。围绕白切鸡的制作方法很多，风味也大同小异，当然也有很好的烹饪方式。但乡民总想突破白切鸡一统天下的局面，以沙姜煲鸡、鲜蚝煲鸡、香菇蒸鸡、豉油焖鸡、盐焗鸡、鱼露煲鸡等烹饪方式丰富舌尖感受。近二十年，乡间流行起吃泥焗鸡！

深秋时节，闲着无事就想到美食，于是，少年时村子旁筑土窑，焗番薯的味道便在舌尖上立即涌现出来。番薯固然好吃，可不能下酒。有人提出焗鸡，自然得到强烈的赞同！择得假日，带上一只肉鸡、一盒月饼，走入林子里去，泡上一壶香茶，一边品味月饼，一边侃起大山。有人搬出少年时的本领，在地面上挖下一个小土坑，坑上用泥块垒起一个土窑子，拾得柴火，将土窑烧起来，一缕轻烟，在野外林间飘荡开来。

肉鸡被斩成碎件，和上香料，装进铁质的月饼盒里盖得严实，塞进烧得紫红的土窑里去，然后将窑顶上的热土覆盖整个月饼盒，在其周围构筑一股强大的热效，攻取美味。深焖一个小时之后，月饼盒内的鸡肉与香料发生了物理及化学变化，鸡肉松化，油脂渗出，香料渗透到鸡肉的蛋白质里去，提鲜增香，那肉已是软滑了。

当月饼盒盖子打开的一刻，一股强烈的鲜香味直抵鼻孔，瞬间将大伙的眼球从茶局中吸引了过来。于是，每个人不顾形象，也不顾烫嘴，迫不及待地将鸡肉塞进牙床上咀嚼起来,大呼好吃,说话时的舌尖卷动已不再灵活了,话语有点含混不清,当然是一副贪婪的吃相。

泥焗鸡

泥焗鸡最初使用月饼盒作为焖烧的工具，只是野外条件局限下的因地制宜。当发现鸡肉在泥窑的热效作用下，烹出来的美味与常吃的白切鸡或其他烹饪的风味大不相同，很觉鲜美焦香，人们进而改用砂纸裹上整只肉鸡塞进泥窑子里去。这种烹制办法，比起月饼盒装起肉鸡入窑烧成的美味又高出了一个层次：整鸡在焖制中没有营养流失，鸡肉与热效作用更加直接，热分解脂肪和蛋白质更加深入细析，蛋白质、氨基酸等营养物质以美味的方式纷纷表达出来，鸡肉更觉鲜美可口。

泥焗鸡的美味不胫而走,在海陵岛撩起人们野外寻味的兴致。一时间,

宰鸡

烧窑

下料

下窑

出窑

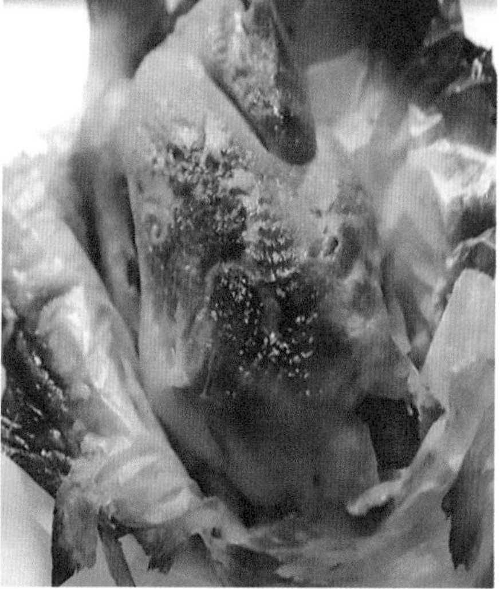

成品

村头、林间、海边，人们垒起了小土窑，男女老少，借假日聚到一处，放松心情,品尝泥焗鸡。于是,聪明的乡下人,就在村前或村后,搭建休闲处所,垒起数个小土窑，整天燃起窑火，接续不断地焗鸡，引得一拨又一拨的游客纷至沓来，借此村民来个综合服务，大赚一把。泥焗鸡就成了闸坡地方的新美食，叫得越来越响，引得四面八方的食客过来寻美味，连高级招待的饭局，也来一个泥焗鸡，让客人尝尝地方风味，当然赞不绝口！

泥焗鸡好吃，在于烹制过程中没有使用一滴水，营养美味百分之百保留下来；土窑强大的热效，让鸡肉美味迅速锁定，泥土里特有的气味从外部渗进鸡肉里去参与化学反应，泥炭在鸡皮上留下似焦不焦的痕迹，竟也成为一种诱人的口感。

乡人吃泥焗鸡已有体会：熟鸡斩件分吃，美味没有手撕来得好。个中原因尚不清楚，感觉确有其事。我以为鸡肉分件，创下了无数个氧化面，营养分解戛然而止，更多的风味流失于氧化之中。而温度是美味不可或缺的条件。大量的斩件分拆，使温度过快发散下降，脂肪及蛋白质变得硬质起来，因此风味也就差了一些。当然，更精准的分析留给美食家兼物理化学家们作出更科学的解释。然而，只要喜欢，哪一种吃法都是可以的。

碌鹅

——碌起来的真味道

闸坡乡民三餐吃鱼之外，也吃鹅，但没有像别的地方乡民那样陶醉。乡民认为，鹅虽然以百草为食，肉性似是“湿热”。鹅是重要的食材，生活中总得接触品尝。因此，乡民吃鹅有所节制，会挑选时间节点，比如清明节、春节就开怀品尝。乡民相信应节令的鹅发育成熟，营养会更加丰富，于人体更有益一些。然而，乡民在重要酒宴上很少上鹅，总觉得鹅在海鲜唱主角的酒宴中，档次略低了一点。若要上鹅，顶多拿点鹅肉做一味“炒鹅球”以凑数，平日里可以吃烧鹅、炊鹅、碌鹅、盐焗鹅、白切鹅、卤水鹅。在这些风味中，喜欢碌鹅多一点，这基于碌鹅的食性平和，风味本土化，平民家庭也能制作，而且味道还不错。

乡民虽然吃鹅不多，令人感到意外的是，却用炊鹅、碌鹅、烧鹅祭祖拜山，已是闸坡的乡风民俗。乡民认为，鸡是不能用来拜山祭祖的，唯可用鹅，鹅的体量大，又不犯忌。今天人们的经济条件好了，买一只烧鹅祭祖，不仅好看，还很方便，不用自己下厨辛苦制作了。每到清明节，各大烧味档就应接不暇，日夜架炉烧烤脆皮鹅，供不应求。

当然，制作炊鹅祭祖拜山也很方便，没有什么技术含量，只在肉鹅身上抹上一层酱味，放锅中蒸熟就行了。经济不宽裕的家庭多用炊鹅祭祖拜山。碌鹅倒是很好的风味，制作会讲究一些。

碌鹅，其实是“酱鹅”。碌，是烹饪中的技巧，风味在于酱汁。饱含酱

味的鹅肉始终保持美味，即便是制作好的成品，晾起半天重新热起，依然是甘香可口。烧鹅则无法做到风味持续，一旦出炉，不消个把小时，就难有出炉时的爽脆焦香。祭祖的烧鹅在野外晾了半天，回到餐桌上就变得乏味了。这是乡民深刻的体会。当然，也有乡民在野外吃烧鹅的。祭祖仪式完毕，一家子就在野外用餐，把一只烧鹅就地干掉，这也很常见的。而乡民用碌鹅祭祖拜山或配餐招待，就是喜欢碌鹅的酱味，甘、甜、香、醇、鲜，极为丰富。

鹅被脱净羽毛，用清水把肉鹅上的异味及杂质彻底清除掉，吊起沥干备用；八角、草果、香叶、陈皮、桂枝、大蒜等香辛料按一定的比例加水煮出味汁过滤后，加入南乳、白糖、生抽、味精、海鲜酱、柱侯酱、料酒制成的稠酱，在鹅身上裹上一层，余下酱料在热锅中文火慢煨。上了酱料的肉鹅在锅中不停地翻动，均匀受热。为保证鹅肉的每一结构渗透酱料的味道，厨师不停地用勺子舀起滚烫的酱料淋到鹅身上，还不时将鹅在滚烫的酱料中翻动，成就佳品佳味，“碌鹅”由此而得名。两个小时过去，光洁的鹅身已深着了酱色，鹅肉纤维在收缩中断韧，流露出酱香的质感，碌鹅也就完成了。

碌鹅被斩成若干小块，整齐排列在瓷碟上，添上几丫芫荽，醒起一点绿意，补上一小碟的酱汁，就把碌鹅的美味从视觉到味觉熏陶了一遍，最终忍不住举箸品尝，难忘记的是它那甘香丰满的味道。

碌鹅斩件摆盆

烹饪碌鹅

笋丝鸭

——最是众口一美味

乡民看待竹笋的食性存有偏差，认为竹笋容易诱发人体的“旧积”(多指跌打损伤旧病)。但竹笋的爽脆甘美口感与风味，乡民又不愿意放弃。

阳江一些山区能产出竹笋，成片的毛竹经历第一场春雨之后，从泥土里冒出新芽来，人们称它竹笋。山里人抓住这个有利时机，把竹笋挖出来，到集市上卖鲜笋；或剥去外层，取嫩嫩的肉剖片，放日光下暴晒成干笋之后出售。鲜笋清甘爽脆；干笋筋道味浓。鲜干两笋都是极好的食材，乡民喜欢用它制作笋丝鸭。

闸坡渔家人过去请客摆酒设宴，八道菜中必有笋丝鸭一味，口径约 20 厘米大小的海碗，装满笋丝鸭都不够吃，主人家还得续菜。鸭肉与笋丝，浸润在浓浓的汤汁里，散发着鲜香的味道，宾主都十分满意这大碗里的甘脆，肯定这道山珍。随着海鲜大举进攻餐桌，这道风味才渐渐退出了渔家酒宴餐桌，变得有点平凡了。即便如此，乡民仍然留恋它的味道，某些饭局或消闲小酌，它依然是美味佳肴。

鸭肉虽然性寒，烹调炼味之后，变得温和，对很多人都合适。人们都有这般感觉：鸭肉没有其他动物肉类那么多的脂肪，肉质不肥腻，甚至还有少少的膻味，但它的营养容易被人体消化吸收。其实，鸭肉的营养价值很高，营养元素高达 20 余种，是其他肉类少见的。中医养生学认为，鸭肉可除温解毒，滋阴养胃；如竹笋含有丰富的蛋白质、糖类、钙、磷、铁、

笋丝鸭

鲜嫩竹笋

笋丝鸭配料

胡萝卜素、维生素、膳食纤维等，由于它处于萌发期，纤维还未木质化，肉质极其爽脆甘鲜，咀嚼时牙齿之间声情并茂地表达它独特的口感。乡民除了喜欢它的风味之外，更看重它配菜成本不高，菜品也不低，品相还好看。

笋丝鸭好吃，最是“揞汁”烹饪出来的风味好：鲜竹笋开切如柳条状，汆水之后用冷水泡起数个小时，消除其异味；鸭子整只汆水弃膻，再放锅中加水和猪大骨、姜、盐，大火炖起到肉质纤维断韧，捞起拆肉成丝备用；油锅烧起，下蒜、姜爆炒后，下竹笋翻炒至出现香味、下鸭肉丝翻炒，加盐、生抽、少许白糖，兑入高汤，大火烧开后改用文火慢煨温养，以保留一定的汤汁为度。汤汁漫释着鸭肉和竹笋的鲜美，鸭肉已没有了韧性，只有肉香；笋丝依然爽脆，还渗透了肉鲜。甘甜爽脆鲜美，满满的一大碗笋丝鸭，让人胃口大开。

没有比鲜美更让人成瘾的了。乡民对笋丝鸭的喜好已不止于饭食，茶市里也常见到笋丝鸭的踪影，已成为一道小吃。好酒的就不用说了，品茶的也叫上一碗，以喝茶的闲情消遣这无法摆脱的风味。我想，一个地方的风情与风味，某种情景之下是趋于同质的。

鸡糖

——乡风民俗的味道

作为一种乡味，鸡糖与一般的菜肴有着不同的意义。它承载的不只是味道，还有乡风民俗。

过去的日子，食品缺乏，妇女生产时，缺少营养，因流血过多导致体能大量消耗，身子变得虚弱；迅速补充营养，恢复体能，变得十分重要。鸡肉为发阳之物，在补虚和体能恢复上很是奏效；土糖能迅速提供人体的热量，丰富的铁质和胡萝卜素被人体吸收，起到补血强身的作用。众材料搭配，既为营养，也是风味。

乡民生活实践长期摸索，把鸡糖固定为妇女生产后的营养大餐，并把这一饮食从物质层面，提升到精神层面，约定俗成——产妇生产后必须吃鸡糖。这是老祖宗传下来的习俗。时代虽然已变迁，人们也不缺乏各种营养，可新生代妇女生产坐月子，依然要吃鸡糖，相信老祖宗的智慧。

乡间味道与风俗走到一起，为生命最原始的需求找到合理的承载。鸡糖的组成食材有鸡、红糖、姜、红枣、金针菇、黄酒、甜醋等，构建起一座既古老，又顺应生命需要、符合生命营养规律的食品金字塔：顶端是食物、底下是味道、内涵是营养。姜黄祛风、红枣养血、金针菇提高人体的免疫力、黄酒活血健胃提鲜驱寒、甜醋促进消化与吸收。每一种食材都发挥它独特且针对性极强的作用。

家庭有产妇待产，婆婆就提前准备了一笼子的鸡，给产妇坐月子吃。亲戚们闻讯，陆陆续续提着鸡前来探望慰问产妇，一时间产妇家变成了鸡场，这是每个产妇都曾有过的经历。鸡糖对于产妇已不是纯粹的味道，它超越了食品营养范畴，在人情社会屹立起一面不倒的风景，另一个产妇也同样如此，得到亲戚朋友的爱护与温暖。没有哪一种风味与人类生命传承紧密到如此的地步，也没有哪一种风味能以这般特殊的方式被代代承传下来。

产妇生产后的第一餐，当然是鸡糖，这早已准备好的食品是用一只未经阉割的雄鸡来制作的。家中老人称雄鸡为“生鸡”。生鸡肉不但筋道营养，重要的是能迅速提升产妇体内阳气，给生命更多的正能量。当听到新生命的第一声啼哭，婆婆就准备好了做鸡糖的一切材料。把姜蒜下到油锅中爆香，与鸡件、金针菇炒起，下红米酒除腥提鲜、甜醋改造味道，加快蛋白质的分解，加入红枣、红糖，添少许清水后，大火烧开 8 分钟即可上盘。老人先把鸡糖第一口飨献于祖先堂上，禀告祖先们，本门堂上又添新生了，以鸡糖为敬，感谢祖宗恩德，宗枝延绵繁茂。礼毕，就将鸡糖送到产妇的餐桌上来，让产妇趁热吃下。这当然是对生命传承的顶礼膜拜、对生产者的最高犒赏！因此，鸡糖成为亘古不变的风味，淳朴的乡风，浓浓的爱意。当味道抵达产妇的心口，便深刻了人情世故！

小生命诞生至满月的日子里，鸡糖始终离不开产妇的三餐。小孩满月时，鸡糖飨献于一个隆重的仪式上，再次感谢祖先的庇荫，上天的保佑，生命得以绵延不绝。外婆也兴高采烈，祝贺小外孙快高长大，礼物中除了褙带，还有一碗鸡糖，表示对新生命及孕育的热切与礼赞。庆祝小孩满月的酒宴依期举行，满桌佳肴中，鸡糖不可或缺，它是以风味的样子，把新生命的喜悦融化到味道来，分享给每一个亲朋好友，从中再把人情世故又深刻了一回。

鸡糖

逸致风华

第三章

Chapter 03

清汤、海产药膳汤

鱼丸丝瓜汤

——尝是平淡品新鲜

饭前饮汤，是广东人的饮食习惯。喝下一碗汤，接下来吃什么都觉得舒服。阳江或者说闸坡，乡民都很喜欢饮汤，每顿饭必备汤饮，没有汤备，多少的佳味都失之周到。

乡民热衷药膳汤，也喜欢蔬菜汤。用海味搭配中药饮片制汤，增强汤饮的保健功能已是常见，如蔬菜搭配海鱼做汤则几乎每天需要。比如腌制大乌鱼(长蛇鲻鱼)头骨芥菜汤、油簕鱼(短唇鲾鱼)节瓜汤、胡萝卜墨鱼干汤、紫菜虾皮精肉蛋花汤等。乡民不但喜欢海鱼煮汤的口感，有营养，还看重它取材容易，花钱不多，易于烹饪，节省时间。乡民的饮食就是图好吃还实惠。

若要找出一款乡民品味频率最高的蔬菜海鲜汤，当首推鱼丸丝瓜（八角瓜）汤了。从口感而论,鱼丸鲜爽又弹牙、丝瓜清润祛火还营养,二者做汤，配上一点精肉片，既鲜美又好饮，还清肠开胃。最是大暑季节，乡民劳累了半天,饥渴难耐，歇息吃饭，先来一碗鱼丸丝瓜汤，就能解渴消暑，令食欲大增。

鱼肉解构揉成鱼糜，糅入蛋清、盐、花生油、味精，经过数百次甩打之后，渗透了空气，鱼糜就富有弹性。将打好的鱼糜采集成小球状，便成了鱼丸,它是配汤的主角。汤品好不好饮，鲜不鲜美，与鱼丸的质量密切相关。新鲜弹牙的鱼丸，能让汤味无比的鲜美。

鱼丸丝瓜汤虽然不怎么高大上，但它能充分诠释鲜美的内涵。在闸坡

鱼丸丝瓜汤

鱼丸丝瓜汤配菜

早期渔家酒宴中，它是八菜两汤之一。作为渔家宴，鱼及其制品是酒宴不可或缺的，它是特色风味的主角。

渔民制作鱼丸的历史很久远，是一种古老的烹饪文化。手打鱼丸风味不但好，还是一门极其讲究诀窍的手艺，是非物质文化遗产。食材与历史文化不能分割，融化于汤饮之中，不会降低酒宴的档次，反之丰富了酒宴的文化内涵，体现了地方风味特色。

20 世纪 70 年代，渔民人家宴请设宴做鱼丸丝瓜汤，也不完全是简约的配菜、简单的烹饪，通常会用猪大骨熬汤，用猪粉肠、精肉、鱼丸搭配丝瓜制汤。厨师先把高汤制好,猪粉肠下高汤烹至入口绵烂捞起,切段备用;胡椒点化高汤，使它的口感更醇美醒鲜，还中和丝瓜的寒性；鱼丸投入高汤后，受热浮起，丸体膨胀如球，再添上猪粉肠、精肉、丝瓜块于高汤之中煮开，丝瓜由浅绿色转至深绿色深化汤品，添上精盐和味精，就装盘品尝了。

一盆子鱼丸丝瓜汤摆在眼前，仿如一盆艺术品：清汤如稀奶，具有鲜明的质感，汤中浮起一层雪白的鱼丸，如荷塘中的白鸭浮游，还有几块深绿色的丝瓜与之争相斗艳，好有画面感！当一口清汤送进口腔里，一颗鱼丸在舌尖上滚动，鲜美得如含饴，一块猪粉肠和精肉，就有了饱满的肉香。满席肥甘的菜肴，唯它独树一帜，特别的清新可尝，每个人都用它给肠胃来一次清洗后，就大快朵颐起来。

时过境迁，鱼丸丝瓜汤不再是渔家重要酒宴的必备之汤。相反，它在乡民日常饭餐中不缺席。当下，已有专业人员制作鱼丸供应市场，不用劳累打鱼糜，就可以满足配菜了。从市场上买得若干鱼丸，再来几块精肉，两条丝瓜，就能做出很鲜美的鱼丸丝瓜汤来。

石头蟹生地汤

——解毒降火除心烦

前面说过，乡民很喜欢药膳，不管什么海味，只要食性允许，都会搭配中药材制汤的。“瘦蟹煲生地，好吃又清热败毒。”持这种观点的乡民不在少数。在某些小毛病上，乡民不愿意过多的专门用药，喜欢用鱼类蛋白质来平衡中药的药性，达到食疗的效果。

瘦蟹，指的是锯缘青蟹中不肥壮的蟹。这种蟹售价不高，一样有蟹的生物特性，起到营养补虚的作用。随着青蟹市场售价日渐提高，乡民改用石头蟹代替瘦蟹煲汤。

说到石头蟹生地汤，就想起少年时身上曾长过一次小疮疖，痛苦不堪，家人用瘦蟹煲生地汤给我喝，想不到比打针还管用，身上的小疮疖很快就没有了。身体长了小疮疖，多因外感热毒，或湿热内蕴，热毒不得外泄，阻于肌肤所致。明朝医家张景岳说：“生地黄能生血补血，凉心火，退血热，去烦躁。”老中医说，生地有凉血败毒、清热除烦、生津滋阴、养血的作用。

乡民称石头蟹为“敢霸”(敢，本地读音：波印，切)，说的是它有一副凶猛霸悍的样子。在海陵岛的海滩上，石头蟹很是常见，随意翻开海滩上的石头，能见到“敢霸”对你张开双钳，抵抗袭击。但它不知道来者有多大的能力，会置它于死地，即便压在大石下，依然敢于抗争，决一死战！“敢霸”这名字比喻得真到位。

瘦蟹生地汤

石头蟹

从中医药学角度看，食材外形特征具有某种生物特性作用。利用它的特性来通达人体脏腑，发挥其独特的纠偏作用。比如浮小麦，就是用它的浮水特性，治疗盗汗。同样，石头蟹生物特性凶猛霸悍，阳刚之气满盈，其对另外的食材能起到调整，有效克制生地黄的寒性，而充分发挥其清热凉血，滋阴降火的药效。同样，石头蟹味甘、鲜美，含丰富的蛋白质，用生地黄搭配制汤，可消除蟹中的腥味，发挥其蛋白质补虚又鲜美的优势，二者互补，药用价值就突显起来，还能酿成鲜美甘醇的味道。

从海滩上抓获几只石头蟹，就用生地黄、生姜、猪骨搭配煲汤：取生地 25 克，加上两大片生姜，添一块猪板骨，下锅加足水量，用大火煲开后改用文火慢煨。这是乡民烹制石头蟹生地汤的经典搭配与烹饪方法，烹制出来的汤品，既浓且香，甘醇鲜美。

石头蟹生地汤好喝，食材来源方便，消费不高，利于保健，乡民就把它纳入了家常食谱中来，不时烹制汤饮给全家人品尝，提升家人健康水平。偶有小聚吃饭，主人家也会煲这个汤来招待客人，让来客也尝尝这不俗的汤饮。由此可见,药食同源的饮食理念在乡民的思想意识中是无孔不入的!

墨鱼干粉葛马蹄猪手汤

——痴心酿得家味道

汤，于每个人的饮食都很重要，远不止于美味让人留恋。当生活缺少滋润，或者久别健忘了温情，汤就会以味道寻找回你的记忆，搬动你不曾回家的脚步。

墨鱼干粉葛马蹄猪手汤，就是一道家的味道，父母深情的奉献。

墨鱼，学名乌贼，属海洋底栖软体动物，鱼骨称海螵蛸，可作中药，能治胃病。墨鱼多产于南海，春季活动频繁，形成汛期。在广东沿海，墨鱼多作晒干处理，便于保存。墨鱼富含蛋白、多种氨基酸、胶原蛋白、软骨素等营养，是一款高级的食材。渔民称它为“宝货”。

王国维在《随息居食谱》里说墨鱼:“疗口咸,滋肝肾,补血脉,理奇经,愈崩淋,利胎产,调经带,利疝瘕,最益妇人。可鲜可脯,南海产淡干者佳。”由此可见,墨鱼是一种天然的保健食材,被广泛应用于烹饪。墨鱼晒干之后,营养物质被提纯浓缩，制汤比鲜墨鱼更觉鲜美。渔民用它烹制墨鱼干粉葛马蹄猪手汤，能营补身子，增加营养。

配汤的粉葛，又称葛根，多生于丘陵山地，藤类植物，根部含丰富的淀粉。葛根性凉,生津止渴,滋阴健脾胃。葛根气味清香,能中和鱼类腥味,与墨鱼熬制，寒凉特性受到抑制，突出了滋阴之效，搭配可谓绝配；马蹄，又名荸荠,含蛋白质、脂肪、碳水化合物（糖)、钠、多种维生素、膳食纤维等,具有清热解毒作用，还可提升食品的鲜美度；猪手富含胶原蛋白、钙、脂肪等，肌腱肉筋道，久煮肉香甘醇，可丰乳汁、强筋骨、美容。

墨鱼干粉葛马蹄猪手汤

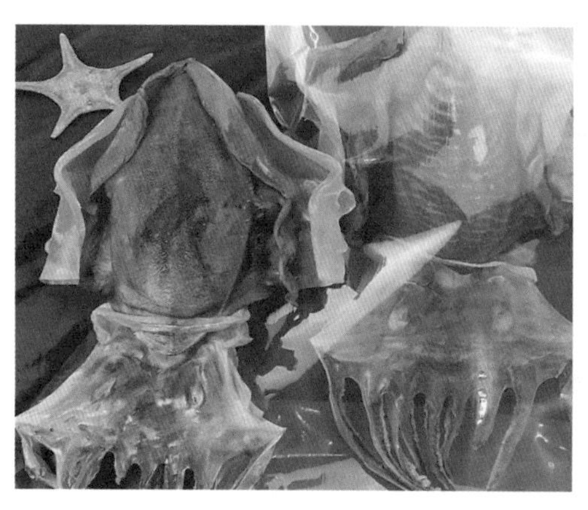

墨鱼干

墨鱼干粉葛马蹄猪手汤配菜

墨鱼干粉葛马蹄猪手汤跨越了三界而绝配，山海畜荟萃，仅此搭配已是珍馐美馔了。墨鱼干粉葛马蹄猪手汤，既得海味，还发挥其滋阴补肾、健脾益气、清热解毒功效。粉葛中的大豆甙、葛根素和马蹄甜味素化解墨鱼的腥味，提升墨鱼的鲜美。猪手的胶原蛋白和脂肪对葛根、马蹄和墨鱼之间起到调和融合作用，增加了汤的保健功效和口感。用墨鱼干制汤只取其精华，不在乎嚼肉。墨鱼晒干后，肉质韧性非常强，难以嚼烂，唯有制汤，久炖使其绵烂，取其风味及营养。墨鱼干粉葛马蹄猪手汤的好坏，与墨鱼的鲜度有着直接的关系。良好的天气，对墨鱼制脯十分重要。若使用不新鲜或不同产地的墨鱼干制汤，对汤的品质与口感会产生不良的影响。

阳江海区墨鱼品质优良，珠江和漠阳江对海水淡化肥沃发挥了重要作用。本海区的墨鱼肉质肥厚鲜嫩，富有弹性，区别于其他海区墨鱼肉质略显粗糙柴化，缺少甘鲜。然而，墨鱼干海味十分浓重，使用分量不宜过多。通常取干墨鱼约四个火柴盒面积大小制汤为宜，过多会导致汤水产生涩味。备鲜葛根 200 克，横断面切块，以 2 厘米厚度为宜、马蹄 100 克，开切两片、猪手半只斩件、姜片少许，墨鱼干用冷水泡软与猪手剁件一起焯水备用；除猪手之外，所有材料先下砂煲，加水 1500 毫升，用大火烧开后，改文火慢煨约两小时，再将猪手投入汤中，续煨一个半小时后，调入精盐、鸡粉上桌品尝。

民以食为天。父母总认为儿女缺少营养，尽可能用更多的汤饮滋补身体，家中母亲总是下厨制作墨鱼干粉葛马蹄猪手汤。儿女们回家来，品尝第一口便是母亲为他们炖好的味道。舀起一汤匙浓如奶汁的汤水，竟尝到的是父母亲的一片深情，但觉其味浑厚，甘、甜、鲜、香依次在舌尖中淌过，流进心里，对家及父母的感动油然而生。至此，儿女才知道家对人生不可或缺，它是温暖的港湾，除了能避风雨，还有浓厚的亲情与无法割舍的味道。

章鱼黄芪党参猪骨汤

——父母情深制汤鲜

闸坡乡民称药膳汤为好汤。“今晚煲好汤，子女们可要回家来饮汤哦！”汤对每个家人都有吸引力，知道家中晚上煲了好汤，不管外面多好的饭局，能推则推掉，回到家中饮好汤。汤成为凝聚家庭成员的一根纽带。纽带一头是亲情，一头是浓浓的乡味，深深感动着每一个人。家庭的温暖是弥漫着亲情的味道，洋溢着浓浓的爱意。

乡民根据药典对黄芪、党参药性功效的描述，找来章鱼搭配煲汤。有人吃过这章鱼黄芪党参猪骨汤，还真的止住了虚汗，强了身体。从此，章鱼黄芪党参猪骨汤就成了乡民经常饮食的药膳，即使家中没有流虚汗的人，也会制作这款汤给家人饮，相信对家人的身体是没有什么坏处的。

章鱼，俗称八爪鱼，海洋底栖软体类动物，年产量不算多。乡民将有限的产品晒干成鱼脯储存食用。每年秋季，日照时间长，是制作章鱼脯的绝好时机。渔民连天转轴地劳作，加工晒制章鱼。章鱼制成鱼脯后，有的销往省内各地，有的留下本地供应乡民，满足乡民饮食需要。

章鱼在阳光下肉质渐渐板结，弥漫浓浓的海味。章鱼脯如风干的柿子肉，红红的色彩，略显透明的肌理，展示着它营养又好吃的模样。似这般高品质的章鱼脯，冷库中存放一年，味道也不会差，依然如初时一样鲜美。章鱼脯营养价值很高，气味浓重，烹制汤品口感浑厚。有研究表明：章鱼脯性平，味甘，可补气血，收敛生肌，补虚通乳，补脑益智，对于气血两虚，身体虚弱，老年痴呆，记忆力下降，健忘等症，都有辅助治疗的作用。章鱼里不饱和

章鱼黄芪党参猪骨汤

章鱼黄芪党参猪骨汤配菜

脂肪酸，能降低血液过高的胆固醇，软化血管；大量胶原蛋白，能减少人体皮肤皱纹，增加皮肤弹性，有美容养颜和减肥的作用。章鱼还可以满足身体代谢对蛋白质的需要，补充人体能量，缓解身体疲劳，增强身体素质。而黄芪作为中药之王，具有补气功效；党参具有补血补脾补肺、促进津液生成作用。一揽子的好处，哪一个人不喜欢呢？难怪乡民着迷般吃章鱼黄芪党参猪骨汤了。

入秋，天气干燥，颇有重返暑天的感觉，身体虚弱，总爱出虚汗甚至乏力。家中老母亲惦记着一家老少的身体，让家人到药房里抓得黄芪25克、党参15克，从储物柜里拿出两只章鱼脯，还买了一块猪大骨搭配熬汤。章鱼脯和猪大骨斩件焯水后，与三片生姜、药材一起下砂锅，加2000毫升水，就大火烧开，改文火慢炖了两个小时，下盐、鸡粉调味，就让家人吃汤了。老母亲未必完全知道，黄芪、党参为辅料，提升了汤品的保健功效，而猪骨能补钙强筋还提鲜。

晚餐在暖暖的灯光下开始，家人聚到饭桌上来，当知道能吃上章鱼黄芪党参猪骨汤就十分高兴。当然先给父母亲上汤，然后依长幼次序上汤，高高兴兴地吃开来。一家人边饮汤，边聊家常，免不了多谢父母亲的辛勤劳动，是他们一片深情，让一个普通家庭无比的温馨，家人生活得有滋有味，既体贴，又暖心！

石鳖药材汤

——唯此地道可药膳

说到海产，石鳖才是阳江闸坡海域的特产。据有关资料反映，石鳖仅存于万山群岛和海陵岛，可见它是稀罕之物，唯它可称得上闸坡最地道的乡土食材。

上山采药，常见有土鳖，形状如一只小虫子。而石鳖生长在海边的礁石上，属原始类生物，通体似卵，圆形扁平，两侧对称，朝阳一面有 8 块硬壳覆瓦状排列，周围有一圈外套膜，又称环带，足扁宽阔如腹，吸附礁石表面或匍匐而行。

一说到某食材可以助阳补肾，人们的反应就十分敏感。这也难怪，如今人们的饮食唯主观意志转移，想吃什么，就拼命地吃，不大为日后身体健康担忧。到了某一天，发觉以前过于偏执，总挑口感好的的东西吃，不知道身体需要各种营养，阴阳失之平衡，在于偏食某一种食品，导致了阳盛阴虚，或阴盛阳虚。有的人，年纪没上多少，毛病已是不少了，小小年纪，已显得衰颓，就急于食疗补肾助阳了。

石鳖真的可以食疗助阳补肾么？

李时珍说："石鳖生海边，形状大小俨如虫，盖亦化成者；性甘凉，无毒，能淋疾血病，磨水服。"石鳖很早已被国人认识，既然李时珍都这样说了，就相信会有一定的辅助作用，况且它还是一种海珍品呢。于是，乡民就常用它制汤，助力肾阳，补虚益精。

鳖虽然是海陵岛海域的特产，但多生长于 20 米等深线海域礁区，南鹏列岛常见其踪迹。每年春季三四月间，春潮涌动，藻类生长，石鳖集中涌现，

多有乡民下海踩礁捕获。石鳖因是稀罕之物，价钱日见抬高，有时还买不到。要找到石鳖也不大容易，除了顶风破浪，还得险走礁石尖峰。那石鳖也十分狡猾，伪装成石头的颜色，只有细心察看，才可分辨收拾它。岛内酒店常预约生产者集中采购，用它制作药膳汤供应顾客。

石鳖长期生长于大海，身体也不是很硕大。大浪滔滔，急流牵制，长成了它倔强的生命个性，自有一套保护措施。酒楼里的工人先把石鳖用开水烫过，促其外壳和外环套膜脱离肉体，然后细心挑取外壳，擦拭外环套膜。这份加工费时费力费精神，十分考人耐性。由此可见，吃一匙的石鳖汤，得花费心机，其价格显高，也就不足为奇了。但说到能助阳补肾，多少辛苦，或多几块钱，也就不太计较了。

辛苦了半天，获得所需的石鳖净肉，配上芡实、茯苓、党参、黄芪、山药等中药饮片及猪尾大骨一起炖汤。先将石鳖肉和猪尾大骨焯水去腥除掉杂质，取姜片两大片，与中药材下砂锅文火炖两个半小便可，汤中下精盐、味精提鲜出锅开吃。

石鳖药材汤汤色澄黄，汤体尽显营养形态，味道甘美饱和，多味中药加入，远不止于补肾助阳了，还健脾化湿，养肝提神。深尝一口，海鲜和中药之味十分融合，舌尖体验一股清新又鲜美，还甘醇的味道，觉得它是玉液琼浆，疗效可期！

石鳖药材汤

石鳖药材汤

金鼓鱼百合汤 ——秋燥还许鲜汤润

在闸坡渔港养殖金鼓鱼于 21 世纪初已普及开来了。金鼓鱼看似漂亮，鱼皮却粗糙，鱼肉也不多。然而，近十余年，乡民却发现它与百合搭配制汤竟是美味，还能止咳，于是喜欢上了它。

笔者早几年曾探望一个老渔民，恰逢他在家里做饭，用金鼓鱼烹制百合汤。他对我说："这个汤能止咳，可以缓解肺热肺燥引起的咳嗽。老渔民说他这几天有点咳嗽，吃了这个汤，咳嗽真的少了许多。"

带着疑问，我翻阅了有关金鼓鱼的资料，了解它的营养和食性。金鼓鱼，学名金钱鱼，原产于东南亚一些国家地区江河入海口咸淡水交界水域，我国南方江河入海口水域也常见。闸坡渔民出海时有捕捞，产量不是很高。20 世纪 90 年代后期，在水产技术部门的推广下，渔民大面积养殖金鼓鱼，现在它已成为重要经济鱼种。金鼓鱼性平，含丰富的蛋白质、烟酸和胆碱、钾，还有锌、铁等微量元素，可滋补身体，预防高血压和高血脂等疾病；鱼胆味苦具有消炎化痰的作用。金鼓鱼与百合搭配制汤，除了丰富汤饮的风味、增加鱼类蛋白之外，则重用它的胆，与百合烹汤能清热润肺化痰。百合为多年生草本球根植物，原产于中国，亚洲、欧洲、北美洲等温带地区均有分布。百合鳞茎含丰富的淀粉，蛋白质、脂肪、还原糖及钙、磷、铁，维生素 B、C 等营养素，具有养心安神，润肺止咳、增强人体免疫力，美容养颜等作用。

金鼓鱼百合汤

金鼓鱼百合汤配菜

金鼓鱼配百合，加上一块猪骨炖汤，是近二十多年来，乡民吃出来的药膳，流行于大小餐饮之中。在闸坡所有酒家或是大排档、小餐馆，都把金鼓鱼百合汤作为重要美食推介给顾客。尤其秋季，金风吹起，人体肺器容易犯燥，金鼓鱼百合汤最是清热润肺。不论游客或是当地乡民，下餐馆吃饭喝汤，都点上金鼓鱼百合汤，先来一口润肺。若酒家临时断供，客人就亲自到农贸市场买上两条金鼓鱼、两坨鲜百合，交给酒家加工制汤。可见金鼓鱼百合汤美味及其保健功效已被消费者肯定。

金鼓鱼肉嫩，口感好，鱼体内的胆碱及烟酸略带清甘和微苦，百合调配，改善鱼汤的苦味，还提鲜回甘。老渔民对我说，将金鼓鱼刮掉鱼鳞，剖开鱼腹，取出内脏，保留鱼胆，清洗鱼身；切姜两片，百合两球、红枣两颗、淮山若干；猪大骨焯水后投砂锅加水煲起；当猪骨汤煲得浓稠之后，续放鲜百合煲起，熄火起汤前下金鼓鱼汤中，略煲 3 分钟即可调味饮汤。金鼓鱼百合汤，汤品略带乳色，味道甘中微苦，一股清新滋润的感觉从咽喉滑到胃肠里去。

从金鼓鱼百合汤的开发与流行，我深深感受到乡民对药膳的重视。不仅如此，还喜欢创新，把风味做到根植于本地资源，立足于地方特色，还兼备营养与保健。

猪头骨胡椒汤
——一个小墟场的风味

海陵岛闸坡镇有一条村子，名字叫下堋。村子虽然小，可它有自己的墟期。每到墟日，邻近村子的村民过来赶集，捎带一些农副产品过来卖，或买些农具、种子、化肥什么的，借机会与亲戚朋友相聚，墟场里找个落脚点，聊聊亲情农情，吃点小酒，趁趁墟。

下堋墟有一个生猪屠宰场，猪肉从这条村子批发至各自然村销售。小商贩得地利，在屠宰场里揽下“猪八件”（猪内脏及猪血），烹制富有特色的菜肴，供应趁墟的酒客，久而久之，下堋墟以“猪八件”为美食，在海陵岛内出了名。城镇和乡村的食客经常到下堋墟来，品尝这里的风味，感受这里的风情。

下堋墟的猪头骨胡椒汤令食客们赞不绝口。虽然是几块猪头骨，乡下的土厨师烹制出来的味道却很是吸引人，在城里还真吃不到。乡下的风味，本不求高大上，乡村的环境，让味道镀上了一层浓浓的平民生活色彩。我能想象：一爿小食店，简陋得是一顶帐篷，转弯拐角之处支起，立下一个镬头，放上几个锑罂，便炒菜烧汤、煎鱼炖肉了。小食店里几张小台子、竹椅子，常常坐满顾客，几个渗着汗的酒友，分享一瓶土酒、一大盆猪头骨胡椒汤、一碟子韭菜炒猪血、一砂煲子鱼露煲地网鱼、一盘焖河粉、一份炒青菜，这便是下堋墟场小食店味道的经典搭配。乡民品着热汤，咬着香肉，吃着鲜鱼，啜着河粉，嚼着青菜，叹着“土炮”（当地一种酒），天南海北地谈论开来，或家常，或农事，美美地尝鲜，高兴地聊着话题，内心犹感墟期真好，农家人就应该这般快活地过日子！

猪头骨含丰富的骨胶原蛋白及骨黏蛋白、脂肪、维生素和磷酸钙等营养元素，重要的是它能给人补钙。猪头骨有一股异味，搞不好就不好吃。

下塆墟小食店的猪头骨胡椒汤没有异味，还觉得很鲜美，这当然是农家厨师们精心料理的结果。猪头骨破开，砍成几块，用开水重复焯起，异味除尽，下醋和料酒、足量的水，配上胡椒、姜片，大火烧开后，文火慢炖数个小时，咕咚咕咚地沸腾出骨头里的胶原蛋白、磷酸钙等营养物质，汤水变得如乳汁，兼有黏性；下盐和鸡粉、味精增鲜而成可口的浓汤，夹带几块带着瘦肉的骨头，让味蕾一一绽放。胡椒在猪头骨汤中对舌尖和胃口加强了刺激，那骨头和猪脸上的肉，浑厚着一股鲜美。数小时的熬制，本来十分有韧性的鲜肉变得容易咀嚼。村民一口汤、一啖肉、一口酒，还来几句花笺小调，就把小食店热闹起来，餐桌上的风味也就变得更加浓郁了。

猪头骨价钱本不高，乡亲们能消费得起，即便是熬成鲜汤，合几盘小菜，三五个酒友顶多花二三百块钱。如今农家，收入增加，消费已不同往日捉襟见肘，应付有余。因此下塆墟场经营猪头骨胡椒汤的小食店日益增多起来，竟成聚集，相互竞争。不论墟期或闲日，人来人往，座无虚席，好生把一个小墟场弄得个热热闹闹，仿如这里已是一座美食城。

食客们都知道，乡下的味道、乡下的消费、乡下的风情，还有乡下的招待，充满一种朴素的情调。胡椒汤本来温胃驱寒，亲朋好友坐到一起，就更有温情了。哪一个不想到此尝试一下呢？而我是经常光顾的。

猪头骨胡椒汤

第四章

Chapter 04

焗饭、炒饭、粥

大乌鱼饭

——大味之下见乡情

说到人情味，不由自主地想到闸坡大乌鱼饭的风味！

大乌鱼，学名长蛇鲻，深海捕捞产品，肉质鲜美厚实，有一种特殊的气味，粗盐腌制之后，气味就更加浓重突出，鱼肉最是吸引舌尖。所以渔民常用大乌鱼制馅做饭食。

大乌鱼为深海区鱼类，鱼肉性温，有驱寒助阳，滋补固肾作用。这是渔民长期食用而体会的。所以大乌鱼在渔民的食谱里最被重视，等同药膳。过去，生产能力低下，大乌鱼的产量不很高，捕捞到大乌鱼，被视为好东西，放进船舱盐柜里储藏起来，回家时便拿来制作大乌鱼饭，为家人补补身子。

俗语说得好,远亲不如近邻。近邻之间的亲密,多体现在美食的分享中。小时候常见到如此情景：今天左家有好吃的，免不了叫上右家过来品尝；明天东家做了新鲜的美食，也免不了叫上西家过来尝鲜。在闸坡，甚至一家有好吃的，一巷子的人分享。这种邻里情于过去物质贫乏的生活，不仅是分享，更是相互关照、抱团取暖在美食上的体现。

歌德说："能分享他人痛苦的，是人；能分享他人快乐的，是神。"把美食与邻里分享成为一种行为习惯，是从茫茫大海共患生存体会中来的。大乌鱼饭虽然不是什么名贵之食，却是人人喜欢的美食，凝聚生产的艰苦、收获的喜悦和快乐，快乐在分享中传递。

大乌鱼饭

煲大乌鱼饭

虽然说闸坡是个渔港，居民能美美地吃上一顿大乌鱼饭也不是常有的事情，尤其是一些不出海的陆地居民，这般体会犹深。这些居民与渔民或是邻居，也是乡亲。渔家做大乌鱼饭，渴望能够分享。渔民家懂得邻里情，家中男人常出海不在家，邻里不时帮忙解困，有时还很周到。一份美食，不能只顾自己享受，要分享给邻里，只有这样，幸福的感受会更加真切，意义更是重大！

家中出海的男人，早已把一条大乌鱼腌制好了。男人懂得，大乌鱼保存好鱼鳞的前提下用盐腌制，鱼鳞让盐力以渐进的方式进入到鱼肉里去，只要回程不误，鱼味就十分鲜美，恰到好处，这是制作大乌鱼饭的根本。当腌制大乌鱼从盐舱里取出时，一股鱼香就扑鼻而来，让人真切感受它是一份美味佳肴。

晚上能吃大乌鱼饭的消息，早就通过家中小孩传送到邻居们的耳朵里，邻居们也盼着晚上能尝到这大美的风味。其实，十年或几十年的邻里，相互早已没有了隔离，彼此当作亲人，无拘无束，密切往来。

制作大乌鱼饭是闸坡渔家妇女最拿手的烹饪。渔妇在案板上将大乌鱼剖开，取下两边的鱼肉，除掉鱼刺，把鱼肉切成肉丁；鱼脊骨、鱼头骨斩件，配上姜片和猪骨在油锅中热炒一下，兑入开水，再次煲开后，再下无丝骨芥菜，就大火烧起，一个半小时后，汤汁如乳，气味甘醇，口感鲜美。乡亲们都知道，这是吃大乌鱼饭的绝配，这汤能清热降火，与大乌鱼饭一起配食，互为升降，平衡膳食。热锅下花生油，下蒜蓉、姜末爆香，下大乌鱼肉丁炒起，下腊肠、五花肉丁拌炒至香，添白糖、精盐、味精少许，拌成大味馅，装盆备用；大米淘洗干净，下少许花生油及盐搅拌均匀，加适量开水下锅开煮，炊饭前将馅料置于饭面上严盖焖焗半小时后，添加少许猪油，把饭与馅料搅拌均匀，下葱花、芫荽增香，就可装盆上席了，接下来便呼朋唤邻过来品尝了。

最有趣的是，当渔妇把一勺猪油抹向锅巴，撒上小把白糖时，炉台边早已站着自家和邻居的小孩子，个个伸出手来要鱼饭锅巴吃。于是，一人一份。大乌鱼饭开吃之时，满屋子的人，争相品尝美食。最是那鱼头骨芥菜汤，不但鲜美，甘味犹浓。不用说那大乌鱼饭如何的香，单看邻居们大口大口地吃饭，连咀嚼都不愿费时间，就知道风味美得不行了。说是吃大乌鱼饭，不如说是邻里间一次聚会，分享美食的同时，传递着浓浓的邻里情谊。

大乌鱼饭不止于与邻里分享，远方亲戚朋友来访，留下招待吃饭，渔家人也心领神会客人的需求，制作大乌鱼饭款待，犹显隆重热情。大乌鱼饭的风味，更多是人情之味！

腌制大乌鱼

海胆饭

——来自大海的珍味

海胆本不丰富，用来做饭馅，是怎样的消费？可想而知，闸坡乡民对食材不大看重它如何名贵稀缺，则重的是风味，随心所欲，想怎么吃就怎么吃，想怎么烹饪就怎么烹饪，随性率真！细想一下，也不完全是这样，只要把食材用到最恰当的地方，就是物尽其用，做饭馅或许是海胆最好的安排。

海陵岛南侧海区有海胆资源，处于一种慢增殖状态。20 世纪末，有人承包了那一块海域，投下了种苗，护养增殖起来。过了几年，海胆较早前多了不少。若能继续加强生态保护，扩大护养增殖区域，海陵岛的海胆产量会有一定的提高，对开拓海胆加工产业，将是有力的支持！

海胆营养价值很高，风味如咸蛋黄，鲜香可口，让人食之不忘。近些年，乡民兴起吃海胆饭，说明乡民经济收入确有显著的提高，消费也就不太在乎价钱多少，重要的是能吃到心心念念的特色美食。海胆虽然是护养增殖来源之材，它与其他人工养殖的海产有质的区别。这些海胆与自然生长的无异，因为它没有过多的人工饲养。乡民吃海胆，知道海胆的营养价值很高，对身体机能有天然的激活性，有固肾壮阳特效，就很喜欢。若说到发挥海胆的固本强身作用，制作馅饭也是恰当的。

既为优质食材，自然有它相应的品味。只要有宾朋自远方来，最好的招待就是烹制海胆饭。客人知道，海陵岛有最好品质的海胆，可做美食分享给每个来客。客人十万个愿意，当然，除了海胆，还有满桌的鱼虾蟹贝，

海胆饭

海胆

无一不鲜美，让客人尝个够！

海陵岛酒家的大厨师多有烹制海胆饭的经验。旅游旺季，吃海胆饭的游客很多，大厨劳累一天，也忙不过来。即便如此，依然以保障品质为重：把海胆炒熟固化后，剁碎备用；花生油下锅，投姜蒜一起翻炒爆香，海胆与瑶柱（预先发泡好）、五花肉（切成小肉丁）、姜蒜一起爆炒；下盐、生抽、蚝油、白糖、少许料酒，增香去腥提鲜；选优质大米若干，清洗干净后和上少许的盐、花生油，加入适量的开水烧开。当米饭即将进入保温时，便将炒好的馅料置于米饭之上，严盖焖焗 30 分钟。馅料营养在焖焗中渗入到米饭中去，反过来又吸收了大米的香味，二者互为作用，生成了独特的风味。当饭熟后，下葱花和香菜搅拌均匀即可开吃。

大厨们认为，海胆饭可焗可炒，根据各人需求而定。炒海胆饭香口但燥热，内热过盛之人就不宜多吃。若吃炒饭，则先将米饭舀起，稍作冷却后，与预制好的馅料一起下油锅翻炒，至米粒松散油润即可。经验丰富的厨师炒饭手艺了得，能把每一粒饭炒得富有弹性，能让饭粒在锅里跳舞。

海胆饭给人们的感觉就是海珍米饭，高端好吃，营养丰富，还健肾助阳。

蚝饭

——吃到打嗝的风味

每年秋季，是乡民进补的时节，无数的美食按照每日三餐的节奏，滑向人们的舌尖。蚝饭便是其中最普遍，又最应时的美食。

中秋临近，亲戚家带来数斤鲜蚝肉，除了部分用芹菜焖起，余下的就用来做饭。朋友们听说有蚝饭吃，电话接连不断地打了过来，纷纷预约来家里吃蚝饭。见此情景，只好到市场再购进两斤鲜蚝、两斤五花肉，还搭上一斤鲜虾仁，做起一大锅的蚝饭招待这班“馋猫”。

若往前三四十年，要吃这么多的鲜蚝根本办不到，不用说没钱买蚝，也买不到这么多的鲜蚝，吃蚝饭只是一种传说罢了。如今，普及人工桩架吊养蚝技术之后，蚝的产量不断提升，以蚝为食材的美食层出不穷，吃蚝饭也就不在话下了。

蚝的营养价值极高，每百克肉含蛋白 11.3 克、脂肪 2.3 克，还有丰富的维生素微量元素。蚝有壮阳健肾作用，蚝壳可璋肝潜阳，软坚散结，是常见的中药材。海陵湾靠近丰头河出海口的一片水域，是养殖蚝的天然场地。这里的蚝肉肥硕，口感爽脆甘鲜，不论做蚝饭、焖烧蚝，都十分好吃。

蚝肉形如小卵，奶色，有一股新鲜的气味，它含水分很多，还兼有杂质，制作蚝饭时要清除多余的水分和杂质，保证口感与食品安全。

好美食者，大抵都猴急，也会厨艺。几个老友都提前过来，抢着当伙头，有的站锅头，有的掌案板，似乎不这样做，就不好意思吃我家的蚝饭了。我也只好悉听尊便，省下力气等着吃蚝饭了。

蚝饭

蚝饭配菜

鲜蚝肉被放在一个筛子里,贴近水面旋动起来,那蚝肉瓣在水流中打开,藏在瓣里的杂质被清洗出来，然后撒上一点生粉，轻揉一次，再用清水冲洗一下，鲜蚝变得洁白如玉，干净得很；站锅台的过来了，把清洗好的蚝肉拿走，倒进大锅里文火焙起，只见蚝肉里的水分很快被焙干，蚝肉变得结实鼓起，撑成一个小球似的，蚝味也越发浓缩厚重；刀手接着把焙干水分的蚝肉接了过去，切成小手指头大小的颗粒备用。然后，把鲜虾仁切成碎末、把五花肉、腊肉切成肉粒备用。掌勺的望过来，见到各种食材都准备好了，就叫人将大米清洗一次沥干，下开水和油、盐做饭；接着把大锅烧起，下足花生油、姜末、蒜蓉爆香，下所有的馅料一起翻炒，下盐、味精、白糖提鲜加味，便装盘备用。米饭已熟，将热饭先冷却一下，再倒进油锅里，与馅料一块热炒，努力将饭团炒散，饭粒松软，足味可口便装盆上席。

当一大盆子的蚝饭开吃时，焖烧鲜蚝也就烧好了，一大班的“馋猫”便埋头苦干起来，不消一会儿工夫， 干掉了一大盆蚝饭，有人还想打包让家人也分享,可饭盆早已干净,也只好作罢。蚝饭甘鲜可口,油润中夹着鲜香,特别是那蚝鲜和肉香，在舌尖上铺展开来时，令食欲无法控制。每个人的饭量都比平日增加了两倍以上，更让人欲罢不能的是那一盘子焖烧蚝，生生把吃蚝饭美成了吃蚝宴，成倍的鲜美，没有人不多吃多占的。

这顿蚝饭让每个人都觉得很幸福。饭后一杯茶，剔着牙齿，打着嗝说：“改日还能吃上这般好味的蚝饭，此生真有口福了！”这话真的透解了乡民对蚝饭美食的偏爱。

血鳝饭 ——极用鳝血为饭炊

海陵北汀湾是一个天然渔场，数百种经济鱼类于此栖息繁衍。每天夜里渔火点点，到了清晨，渔船穿梭，不断有小船靠泊到沿岸码头，渔民从船上提起一篓一篓的鲜鱼或花蟹、虾、鳗鱼上岸来，发往闸坡或白蒲农贸市场销售。海陵北汀湾是闸坡浅海作业渔民的福地，养育着一代又一代辛勤的渔民。

海陵北汀湾的鱼最是鲜美，最让乡民引以骄傲的是这里的花蟹和血鳝(鳗鱼)。这里的花蟹壳薄肉嫩鲜美、这里的血鳝肉香甘鲜，营养价值高。每当有人说身体虚弱，或贫血，渔民就会向他推荐血鳝饭，说它能补身营血，血鳝的食疗价值，绝对高于美味价值。

海陵北汀湾的血鳝，是合鳃鱼科黄鳝属的一种，栖息于海陵湾与丰头河水交汇海区。近几十年，陆地开发填土增加用地，海岸线有所改变，血鳝的栖息地受到了破坏，影响了它的繁殖，资源也就逐日减少。血鳝于春季洄游近河繁殖，幼鱼于春夏之交回到浅海觅食，至秋后个体渐渐长大，形成鱼汛。于此时，平冈和海陵两地的渔民捕捞血鳝，上市销售，在阳江一带掀起一股求吃血鳝饭的小高潮。

血鳝阳面呈红色，阴面呈黄白色；斩断则血液流注不停，故称血鳝。血鳝含多种维生素、氨基酸、卵磷脂、铁、钙等，具有补血固阳作用，且脂肪含量少，容易被人体吸收。《滇南本草》概述鳝鱼的保健作用为其能添精益髓，壮筋骨。王国维《随息居饮食谱》对鳝的补益作用概括为：“补虚

助力，善去风寒湿痹，通血脉，利筋骨。”阳江地区民众都喜欢血鳝，视为补品，价格居高不下。要吃上一顿血鳝饭，消费就不菲。但王国维也认为鳝类多食容易动风，所以血脂较高者，可要慎食。

最是深秋，是品尝血鳝的最佳时节。海陵岛内各酒家和大排档，纷纷推出极品，以飨食客。乡民常吃血鳝饭，做饭驾轻熟路，富有地方风味。择得闲日，朋友结伴入海陵岛，游山玩水，观光听涛之后，便坐到酒家来，要店家上血鳝饭，外加一煲清热祛湿的药材猪骨汤，再加一小碟青菜，几个花蟹，一斤多的虾白，满桌的海鲜风味。

大厨师这边已忙开来了。只见他从鱼缸里捞起血鳝，用 40℃热水将血鳝闷死后，再将血鳝剁成肉泥做成馅料。大厨师说：“血鳝的活力特别强，加之鳝身分泌一层黏液，很难把持它，只好用热水闷死，不让它的血液流失，保证营养。”大厨师接着说“在海陵岛，乡民吃血鳝饭多吃焗饭，少吃炒饭。这只要是血鳝做饭总归燥热。虽然炒饭可口，但不一定合适阳气正盛的年轻人，反之效果不大好，有失身体阴阳平衡，引起不良反应。”大厨师最后也没有保留，把做血鳝饭的过程一一展示给顾客：备下蒜蓉、姜末若干；热锅之后，下花生油与蒜蓉、姜末爆香，再下血鳝肉蓉、五花肉丁一起爆炒去腥增香；下生抽、精盐、鸡粉、白糖、料酒提鲜增味装起备用。大米洗净加入少许精盐和花生油下锅煮饭，焗饭之前，下馅料于米饭上面合盖半小时入味；饭熟后，将馅料与米饭一起搅拌，加点猪油使饭食油润，添上葱花、芫荽增香即可。

食客们已从厨房飘过来的气味，闻到了血鳝饭不一般的味道，一股浓浓的鲜香引得口水直流，颇觉煨饭过于漫长，等待已是不耐烦，按不住食欲的冲动。

好大的一会儿，血鳝饭终于端上来了，满满的一大砂锅。众人抢着盛饭，狼吞虎咽。有人含着半口饭说话：“这血鳝饭就是好吃啊！虽然是饭，却如一把香味，填入口腔里来，但觉齿颊留香，食欲无法停歇。”的确如此，每个人都感受到那血鳝肉香已融入每一粒米饭里去， 米香与鳝肉香交替出

血鳝饭

现，甘鲜中香美。特别那一碗清热祛湿汤，不但让口腔得以清空舒展，竟使食欲没了禁锢，一下子三碗饭下肚，仍然感觉未饱。有人说："这饭最合适产后妇女吃，我家老婆正在坐月子呢，打上一碗饭给她，慰劳慰劳正好。"当他打饭时，那砂锅早已干干净净，连锅巴也无影无踪！他只好摇着头走开，其实他也能理解，好吃的东西，哪一个人不想多吃？

马友鱼饭 ——最感动舌尖的饭品

在海陵岛闸坡，说哪一种海鲜好吃，没有可比性，风味特色各有千秋。若一定要找出一种相对好吃的海鲜，也只好从相同的烹饪、相同的品食方式中比较。那么，说到鱼饭，就不得不说马友鱼饭是鱼饭中的佼佼者。

老人们说起美食，总回忆过去的品味。那时候，渔老板有自己的作业渔船，要吃什么样的海鲜，没有任何困难。这些渔老板吃遍海上珍馐，嘴刁得很，而他们对马友鱼饭则无不赞美，说到鱼饭，就认为马友鱼饭最好吃，没有别的。果真这样吗？

很多人把马鲅鱼误作马友鱼。马鲅鱼其实是马鲛鱼的一种，在东海区多称马鲅鱼，属无鳞鱼。而马友鱼是有鳞鱼，其肉质为马鲛鱼不可比，不但较马鲛鱼鲜嫩，比马鲛鱼更甘美，更有甘香质感，有食之不厌的感觉。所以马友鱼的经济价值高于马鲛鱼好几个档次。阳江海区鲜马友鱼市场售价高达 160~180 元一市斤，甩马鲛鱼价格好几条街。

马友鱼以阳江海区产出质优，口感最好。从越南进口的马友鱼因海区海水盐度过高，肉质不及阳江海区的鲜嫩甘美。但要在市场上寻得一条本地马友鱼做饭并不容易，海捕越来越少，若能寻到，那真的有口福了。

马友鱼学名“四指马鲅”，产于我国东南沿海；它富含蛋白质和不饱和脂肪酸。鱼肉稍为松软，但受热后蛋白质凝结，鱼肉富有弹性，味道甘美留香。

从过去美食家渔老板那里遗传过来的饮食基因，对马友鱼就特别偏好，好不容易寻得一条马友鱼，骨子里就没打算干煎或清煲，直接拿来做鱼饭，唯此才不浪费食材。

马友鱼饭

马友鱼

去年打听到海陵岛东渔民捕了一条三斤重的马友鱼，还是刚刚网到的，十分新鲜，几个人商议，花了 500 块钱买下来做鱼饭，交给岛东海边的一家餐馆制作。店主是一个制作马友鱼饭的行家里手,他与出海渔民多有交往，餐馆经常购得渔民打上来的马友鱼做美食，制马友鱼饭的功夫很是熟练，还烹饪出不一般的味道来。店家接过马友鱼说：“这鱼非常好，就是价钱高了一些，要想吃到美食，不花钱哪能行呢？算你们有口福了。”就这样，餐馆老板吩咐大厨师为我们做马友鱼饭，还特别交代一鱼两味，即鱼肉做饭，鱼稿（鱼头、鱼皮、鱼骨）干煎。别看这鱼的头皮骨是下脚料，干煎起来，风味不亚于马友鱼饭呢！

大厨按照老板吩咐去做，将马友鱼剖开两边的肉，切成肉丁，搭配五花肉、腊肉作馅；姜末、蒜蓉、葱花、芫荽段下油锅爆香；下马友鱼于油锅中煸起,鱼肉受热固化增香后,下五花肉丁、腊肉丁一同爆炒增香,下精盐、生抽、鸡粉、味精、白糖和味装盆备用。大米洗过沥干，下热锅翻炒片刻预受热软化后，下盐、油和适量开水烧起焗饭；饭熟后稍作散热，再将饭团打散，下油锅与馅料一起翻炒，使米饭吸收馅料所有的香味，饭粒松散软滑均匀后，再下葱花、芫荽拌匀即可装盆上席开吃。

从饭碗里挑出马友鱼肉，细细地端详起来，但见鱼肉粉白如雪，肌理层次分明,放进牙床里慢慢咀嚼,感觉很是弹牙,深品起来,真正的齿颊留香，牙缝中总有甘美回旋，而且还在口腔里生出一种无法形容的味道，让舌尖感动得一直在跳跃。远不止于此，那米饭夹着鱼肉，进入口里，甘香的鱼肉，油润的米饭，共生出甘美而又甜润的感觉，开怀大吃已是脑子里唯一的意识。一盆饭本来就足矣，可还有一盘“干煎鱼稿”，竟美得众人大跌眼镜，既鲜又焦香的味道颠覆了我以往对鱼美味的认识，把美食的感觉提升到新的高度。

这一餐马友鱼饭令每一个人都很满意，花了几百块钱觉得很值，既品尝了美食，又丰富了品味。从此，总在海陵岛打听哪里有鲜马友鱼，获准了信息，就拉朋结队前往品尝，心中免不了感叹海陵岛真是个美食的天堂！

黄雀鱼饭

——多刺且嫩夜饭香

朋友说他近来夜尿多，中医生把脉后说是肾虚，食疗可以恢复。说到食疗，老渔民就献上一味，说黄雀鱼馅饭夜食最补肾虚，食之必尿少。于是，朋友叫家人到市场寻找黄雀鱼，夜里做馅饭吃。

黄雀鱼，学名黄鲫鱼，属浅海鱼类，我国南海、东海、黄海均有分布。黄雀鱼扁平多骨刺，是一种极其鲜美的浅海鱼，每 100 克黄鲫肉含蛋白质 13 克、脂肪 1.1 克、糖 0.1 克、硫胺素 6.6 毫克、核黄素 0.07 毫克、烟酸 2.4 毫克、钙 54 毫克、磷 203 毫克、铁 2.5 毫克。《本草经疏》对鲫鱼类评价：“诸鱼中惟此可常食。”黄雀鱼虽然营养价值高，由于多刺，不易吃，市场售价不是很高。

每年的“九冬十月”最是黄雀鱼肥美之时，鱼中黄油积聚最多，干煎黄雀鱼算是经典吃法，简单的煸煮，能把黄雀鱼里的黄油尽数萃取出来。那黄油满是黄雀鱼的精髓，能把米饭的每一粒，都粘满黄雀鱼的鲜香，在舌尖上游戏你的味蕾。就是这股无法抗拒的味道，引得渔民与黄雀鱼每次都进行一番“挑刺”舌战，在“荆棘丛生”中夺取鱼肉。舌战最终把黄雀鱼引向肉酱，服务于馅饭风味，还借得它的补肾功力，补充渔民身体能量。

老渔民对朋友说：“制作黄雀鱼馅饭，关键是解决好黄雀鱼多刺的问题，入口不觉得粗糙卡喉，而且还甘香好吃，尤在半夜消食，作用就更大了。”老渔民说到此，向朋友递了一下眼色，朋友心领神会，依照老渔民的说法，

黄雀鱼饭

黄雀鱼

黄雀鱼饭配料

买了一斤多的黄雀鱼，剖下鱼肉搭配五花肉，用碎刀将两种肉剁成肉泥；大蒜两个，姜末若干，葱白若干下油锅爆炒，下肉泥翻炒提香，下生抽少许，精盐、白糖、味精提味增鲜后盛起备用；大米一斤，清水洗过沥干，下花生油、精盐少许，开水煮饭，催饭之时，将馅料下饭焗起片刻已熟，即可搅拌添油和起，加葱花提香开吃。

黄雀鱼与五花肉在热饭中染起一层黄油，把每一粒米饭打磨得光滑软绵，散发出浓浓的味道。浅尝一口，鱼香立即深入舌尖味蕾里，齿颊间渲染它的魔力，一种无法形容的香与美很快进入到胃里去，食欲被撩动得无法自持。一碗两碗，仍觉意犹未尽，还当若干碗才行。但夜已深，肠胃不能过饱，即便补肾的作用很大，也得和风细雨，持之以恒才是。

黄雀鱼饭能否发挥应有的作用，尝过的人才有体会。但这份香与美是不容置疑的。乡民每提起黄雀鱼饭，都禁不住口水直流，总以滋补膳食介绍给亲朋好友尝试。然而，眼下想吃黄雀鱼饭已有点困难了，不知道是海洋环境的变化，还是物种的衰退，黄雀鱼在南海浅海区活动越来越少，市场上能见到的也不多，三三两两，不尽人意。食材的稀缺，让一种味道越走越远，唯可回味，让舌尖舔得嘴唇无数次！

海味糯米饭

——疍家风味已传统

闸坡最好吃的海味糯米饭，是出自过去连家船人家（疍家）之手。虽然只是一口馅饭，但它已成为闸坡最著名的传统美食，当说到闸坡，海味糯米饭就会被人们提起。

连家船人家多是浅海渔民。过去，这些渔民一家子生产生活绝大部分时间都在海上，与岸上社会联系很少，饮食与岸上居民略有不同，三餐饭菜较为单一。生活领域不宽广，饮食单调，烹饪上就求之简约，这种简约反而形成了连家船人家的饮食特色。连家船渔民蹈海经风，对安定生活很是珍惜，每停航赋闲，就与家人或朋友分享快乐心情，烹饪品味美食，共话浮生闲情。

船上生活的妇女最大的本事是做饭，得到了一点糯米，没有其他工具可以展开其他的烹饪，只好一味做饭。可一日三餐都做米饭，想来想去，还是发挥海味的优势，做海味糯米饭为佳。

一般而言，糯米做饭多用水煮或蒸制，而连家船人家的糯米饭却是炒出来的。所以乡民说做糯米饭，总会说炒糯米饭。别具一格的制作，自然形成了别具特色与风味。虽然如此，要做好海味糯米饭，还真得下点功夫：糯米下锅前，先用冷水泡30分钟捞起沥干备用；烧开油锅，投下蒜蓉，虾仁、鱿鱼、香肠、腊肉、精肉等馅料下锅，调入白糖、味精、食盐制成馅料；芥菜（无丝骨芥）茎切丝，抄水去青，过冷水保鲜装起候用；沥干的糯米倒入油锅中文火炒起，边炒边洒水，保持糯米一定的湿度，不能烧焦，其间还得合上盖

海味糯米饭

子小焖片刻，再作翻炒。米粒逐渐变软，熟如晶体之后，再将馅料包括芥菜丝下锅拌炒，当米饭与馅料混合均匀入味，撒上葱花即可装盆上席开吃了。

连家船人家的海味糯米饭为闸坡风味定下了质量标准：干湿有度，润而不腻，饭粒晶亮通透，色彩鲜艳，可口鲜美。经典的口味在于米饭自始至终是炒出来的。米香浓郁，海味和腊肉味共融生香，芥菜介入，米饭变得清爽，入口清新。由于炒制过程中没有过多地用水，食材营养没有多少流失，风味也就十分饱满。

连家船人家新春佳节之时最喜欢做海味糯米饭招待亲朋。这种习惯是由于过去小船局促的生活环境决定的。小船生活空间少，多种烹饪无法展开，渐渐地，以海味糯米饭作为最好且唯一的招待成了传统。中华人民共和国成立后，连家船人家登岸居住，生活环境改变了，但生活习惯一时无法改变，传统的烹饪及风俗被保留下来。在闸坡渔港，每逢春节，俗例大年初二女婿带妻儿给岳父一家拜年，岳父家必做糯米饭款待女婿一家子，即便是亲朋好友远道而来，不亦乐乎，也做海味糯米饭款待之。近几年，传统海味糯米饭为人们喜爱，酒店也重视这道美食，把它作为小吃供应给食客。然而，酒家未能掌握连家船人家做糯米饭的精髓，也就难以达到连家船人家做出的风味。

海味糯米饭作为闸坡一道传统美食不会消失，依然是乡民最喜欢的美食。如果想吃上正宗的海味糯米饭，还是到渔民家来做客，主人家做的海味糯米饭不仅风味纯正，你还能亲身感受渔家人的热情！

椰菜饭

——不曾忘记的乡味

以蔬菜为馅制作饭食，最是农家平常的品味，于过去的日子吃得最多，留下了深深的记忆，那平淡的味道带着微甘。

海陵岛的日照时间长，雨水充沛，椰菜（包菜）长得结实且丰满个大，菜叶鲜嫩多汁，还脆口甘甜，若与当地藠菜、五花肉搭配成菜，也是本地的名菜。可在人们的记忆里，它与馅饭联系在一起。

椰菜作馅料制饭，是时艰日子的见证，是生活无奈之举。以菜增量，求果腹，减少大米开销。如今日子好过了，粮食丰富了，椰菜丰收了，猪肉也不缺，就想起以前饿肚子时吃椰菜饭的味道，就有了食欲的冲动，其实只是为了满足怀旧罢了。当然，物质丰富的今天，制作椰菜饭的风味远比过去好得多，它有了更多的营养，更丰满的味道，甚至作为地方风味特色飨献于客。

过去生产劳动消耗体力，村民饭量不少，煮椰菜饭用的是“牛一”大铁锅，才能满足一家人吃饭。这种铁锅口径达一米多，灶膛开阔，火力十足，烧出的米饭特别香，乡民称之“大镬饭”。其实，那时饥饿已把舌尖的品味降至极低，只要食物在舌尖上滑过，都可以打开所有味蕾，开放“享受之花”。

时下，很少有人用“牛一”大铁锅做饭了，人们普遍没有过去那样的饭量。要重现过去的情景，只得尽可能地回归过去做饭的细节，更能感受过去的时光。好不容易找到一口大铁锅，把旧灶台清理好，就劈柴准备做饭。

椰菜饭

椰菜饭配菜

老村主任的屋子旁边的菜地里，长满了一地的椰菜，如含苞的花蕾，那菜包上挂满了晨露，阳光下闪闪发光，展现出它不一样的品质，招惹着我们的食欲。摘下一个椰菜包，去掉最外一层叶子，侧面立起，腰间下刀，把椰菜包切开成两片，取菜茎少的一面，分成四份切丝，用温水加上几滴生油焯去菜青，过冷水保鲜备用。老村主任告诉我，椰菜这样切，很容易切成细丝，菜丝厚薄也均匀。若在根部下刀，习惯做菜的切法，切出来的菜丝做焗饭就不大好吃。我见那菜丝确实没有多少生硬的菜茎夹杂其中，就知道老村主任吃过不少的椰菜饭了。切罢椰菜，老村主任把五花肉铺到案板上，切成细小的肉丁，还自备了一点虾仁，说鲜虾是前一天晚上在村前海滩上捉到的，剥了壳，放在冰箱里保鲜，打算今天我们过来用它做椰菜饭的焗料。接着老村主任把大米洗过，加少许生油和盐，加水下大铁锅煮饭。木柴在灶膛里烧得叶叶作响，火苗从灶口处不断噬了出来，照亮了老村主任沧桑的脸。厨房里浓烟密布，呛得我们眼泪都流了下来。此情此景，时光仿如倒流，回到了过去那艰苦的岁月。

不一会米饭烧开，老村主任往饭里滗饮，接着他将炭火压细焗饭，让米饭在温和的炭火中软熟。半个小时过去了，米饭已成。老村主任就把饭装起打散晾起备用；铁锅洗净，再次烧起。这下老村主任就往锅里下花生油，还额外加了一勺子的猪油，将蒜蓉下到锅里爆香，下五花肉、虾仁与蒜蓉炒起，加精盐、生抽、蚝油、白糖增香增鲜，再下椰菜丝小炒成熟，调入鸡粉、味精提鲜增味；米饭再次下锅，与焗料炒拌均匀，再往饭里下了两小汤匙的猪油，米饭越显得油润透亮，下葱花、芫荽增香装盆上席，叫大伙开吃。

细细品味椰菜饭，但觉得饭粒柔软兼爽口，椰菜甘甜，五花肉与虾仁可口鲜美，焗饭口感清爽。老村主任见我们吃得很香，就从眼前的椰菜饭说起那艰苦的时光：“有一年乡下灾情严重，稻谷缺收，各家各户都少了口粮，可菜地里的椰菜长得比往日好。不知道是什么原因，这大概是老天垂怜村民吧，在稻谷生产上关闭了大门，就在椰菜地里打开一扇窗，不让村民饿死。就这样，家家户户省吃俭用，用大量的椰菜拌米煮饭，其实吃得最多的是椰菜，也没什么油水，更没有什么风味，饥饿了，倒也觉得十分好吃。椰菜让农家度过了那场灾荒。后来粮食保收，村民还用椰菜做饭，不忘缺粮时的苦日子，渐渐地，椰菜饭就成了村民的家常饭，越吃越有味道。”

听了老村主任的一席话,无不感慨光阴荏苒,沧海桑田。想到改革开放，经济发展，生产稳定，供给富足，农家收入不断增长，已不是过去吃椰菜饭度饥荒日子可比了。说到这，老村主任停顿了一下，接着说：“今天你们吃椰菜饭已不是为了饱肚，而是回顾过去，记取艰苦岁月，珍惜眼前，铭记粮食在任何时候都是保命之源，最不能容忍的是浪费啊！”

沙蚂蟹粥

——横行沙滩的鲜美

捉沙蚂蟹是小时候最喜欢的活动之一，既好玩，又有收获。大角湾沙滩，常见沙蚂蟹走动，遇到人来，就迅速逃到洞里去，要想抓住它很不容易。从小就知道沙蚂蟹的味道很鲜美，逮到几只，就拿来煲沙蚂蟹粥吃。当知道沙蚂蟹不仅鲜美，还营养，对它就格外关注。看到沙滩上的小洞穴，以为沙蚂蟹藏匿里面，就守在洞口边，伺机捉它。等候老半天就是不见沙蚂蟹的影子，只好放弃。由此想到美食并不容易获得，需艰苦劳动付出才行。

沙蚂蟹，学名叫角眼沙蟹，本地人称沙蜢。这小蟹喜欢在潮间带海滩觅食。它通体奶灰色，两只小眼睛特别敏捷，走路极快，很难捕捉。渔民想了一个办法，用竹竿乘其不备扫捕，或利用沙蚂蟹喜欢腐质鱼的弱点，在沙滩上预埋一个陶罐，留下罐口，将腐鱼投入陶罐之中。入夜，沙蚂蟹嗅到腐鱼的气味，纷纷投入陶罐里抢食而被捕获。这种方法很奏效，收获不少，足够做一大盆子的蟹粥。

沙蚂蟹富含蛋白质、谷氨酸、不饱和脂肪酸等营养物质，味道极其鲜美，通常佐以猪肉煲粥，堪称美味上品。

沙蚂蟹多在夏季傍晚活动，几个小伙子提上水桶，带上一杆竹竿就到沙滩上捉沙蚂蟹。只见沙蚂蟹出洞觅食，突然发力，用竹竿横扫过去，打它个措手不及，抓获到水桶之中……

夜幕降临，屋角灯通明，大伙就在小巷口纳凉。勤快的小子，主动承担煲粥的重任，在厨房里忙上忙下。沙蚂蟹被揭开盖子斩成两段、五花肉

沙蚂蟹粥

鲜活的沙蚂蟹

切成肉柳，用盐、花生油、少许生抽腌制半小时；姜片切丝若干、香葱切碎若干、芫荽若干备用。

大伙轻摇葵扇，坐等米粥酿成。当米粥已熬成，就将沙蚂蟹、姜丝投入米粥之中，大火小熬 10 分钟，再下猪肉小滚 3 分钟即可停火，焖焗一下装起。粥中调入少许味精或鸡粉，撒下葱花、芫荽增香，大伙就开吃了。

舀得沙蚂蟹粥一碗，鲜美的气味已袭击过来，舌尖早已按不住了，一汤匙的鲜美就塞进口腔里，顿感海味真有令人着魔的魅力，难以表述，也不想说什么了，三下五除二地狼吞虎咽。沙蚂蟹粥兼有壮腰健肾功效，食后夜尿减少，体力恢复很快，因此大伙就劲头十足，把一锅沙蚂蟹粥彻彻底底地干掉！有的人用力过猛，腹中过饱，竟一时站不起来。

其实，家在海边，难免对海味敏感。见到海滩上能走动的，都会想到用来烹饪美食。海陵岛的海滩还真有不少美食资源。沙滩上还有一种蟹煮粥也十分美味。当地人称它为“力极”，它对恢复体力也很有效。这种蟹一样在浅水之下游走，外壳与沙色几乎一样，不易察觉。渔民同样用腐鱼来诱捕它。这种蟹外壳较硬，不易嚼碎，熬粥只是品尝它的美味而已。

力极蟹

闸坡渔家街酒巷宴

闸坡渔家街酒巷宴

——风情浓在乡间席

真正的渔家风味是在闸坡渔家的街酒巷宴之中！

渔民不论出海、归航、婚嫁纳娶、新船推水、新居落成都喜欢设宴，邀请邻居或亲戚朋友喝酒，共度良宵，祝福未来！

过去，闸坡渔民多在渔船上摆弄酒宴，自己准备食材，请民间厨师主持料理，按照传统风味制作。闸坡的土厨师也很能干，虽然没经过多少专业培训，长期烹饪实践，掌握了丰富的烹饪技艺，在渔家菜上做得很有特色。渔家宴菜品以海味唱主角，山珍也不少，很适合渔民的口味。厨师烹饪起来得心应手。

闸坡渔家宴是没有大盆菜的。把大盆菜说成闸坡渔家大宴之菜，是“乱点鸳鸯谱”，张冠李戴。渔家大宴有渔家自身的风味特点，它与渔业生产方式、渔民生活习惯是分不开的。渔家饮食离不开海味，烹饪也讲究个性，每道菜都顺应海产不同品质风味而制作有所不同，也不混杂别的风味。渔家生产生活相对独立，海上漂泊孤独，难得相聚，遇上喜庆，设宴饮酒，不会一盆风味，总要丰富，方显大方诚意。大盆菜虽然也有若干种菜品，看起来还是一盆菜，渔民总觉其单调。大盆菜使用的载具比较大，渔船窄小空间嫌其挤占地方。如分盆陈菜，不但分开味道，还能灵活改变菜品的摆放位置，适应渔民对用餐的局限，渐渐地成为一以贯之的烹饪品味习惯。

渔家宴虽然不大讲究菜的品相，但会保证菜的质量。重要家宴 12 道菜、小宴 8 道菜、一般宴请则随意而为。重要家宴菜肴通常有扒花胶、焖海参、

蒸鲍鱼、蒸龙虾、焖大虾、蒸石斑鱼、煎焖白鲳鱼、焖鲜大蚝、鱼翅汤、花胶汤、海马汤、香螺汤、白切鸡、烧金猪、炒杂，素菜有斋菜、时菜，辅甜品点心，所列之菜选择 10 道配餐。小型宴请通常有海螺汤、禽类药材汤、白切鸡、焖大虾、焖青蟹、姜葱焗花蟹、清蒸石斑、酱味白鳗鱼、焖鲜蚝、炒杂等，所列菜选 10 道配餐，也外加素菜甜点。一般而言，渔家宴以小宴为多，离不开海产风味特色。渔民上岸定居之后，酒宴改设岸上家居，酒席配餐比起船上设宴的菜品更加丰富，更看重品质，更讲究体面。

最近几年，闸坡渔家宴走向大众化，演变成地方应时饮食文化现象，发展成街酒巷宴。街区或巷子邻里自发组织开设宴会，全体居民参与，场面热闹和谐。这种变化与渔家宴有着承传关系，一脉相承。

渔民的街酒巷宴举办于每年 5 至 8 月之间，自休渔至开渔时段。镇内各处聚集举办宴会，此起彼落。邻里走近，喝美酒，品佳肴，谈生活，说家常，期许未来日子生活共同富裕，家庭和睦，邻里和谐，人物平安，社会文明进步；或祝贺新时代丰功伟业、感恩党和政府政治清明，政策深入人心、百姓脱贫致富，人民群众安居乐业；或期待新季开渔，顺风顺水顺人意、得时得利得天时，生产丰收，收入增长，幸福生活绵长！

街或巷子要办酒宴，众人商量推举 2~3 人负责筹集经费，办理宴会事宜，事毕之后，公布收支账，接受居民监督。居民踊跃参加宴会，主动凑份子钱，男女老少按人数入份，每人 50~80 元不等。居民认为，街酒巷宴不是每天都举办，只是一年一次，是季节性的饮食活动，它对居民的收入影响不大，对活跃社区居民生活，增强文化认同，促进社会和谐，推动地方经济建设和旅游业发展很有好处。基于此，居民对街酒巷宴表现出极大的热情。

街酒巷宴虽然热闹，但宴会开销不大，主要的菜式有家禽药材汤、海味药材汤、白灼对虾、姜葱焗花蟹、白切鸡、红烧肉、蒸文蛤水蛋、炸云吞、清蒸咸鱿鱼肉饼、海味粉丝煲、清蒸海鱼、鲜墨鱼炒时蔬等，外加素菜两款，月薄包、印仔点心各一款，甜品一款，饮料若干。菜式尽量体现海边食材和渔家风味特色，以节约为重；饮宴在乎欢聚，展现渔家饮食文化！

开渔海滨新村

宴会设于本街或本巷，街头巷尾悬挂标语，主题或庆开渔，或共建和谐生活社区，或某街某巷邻里和谐宴等等，充满良好祝愿。主持人代表街或巷子居民在宴会上发表热情洋溢的讲话，祝福生产提高，经济繁荣；感谢全体居民密切配合，不分你我，热情投入一年一度的聚会，表达心中良好的祝愿，拉近人与人之间的距离；呼吁居民共同努力，落实责任义务，热衷公益，做一个良好公民，团结互敬，尊老爱幼，加强社会主义核心价值观的个人建设，让每个家庭生活越来越好；为今天美好生活干杯！出席宴会的居民，一边饮宴，一边叙话，场面温馨暖心。宴会散后，邻里协作，主动搞好环境卫生，恢复正常生活。街酒巷宴是一次乡间美食大展示、一次特色文化演绎、一次乡风民俗大见识。

闸坡的街酒巷宴已成为渔家饮食文化的新载体、闸坡旅游观光新视点、社区邻里关系和睦的一道风景！游客们走进闸坡街酒巷宴，就得走进了社区，深入乡土民情，品尝渔家美食，了解渔家历史文化，感动渔家热情好客，增强旅游兴趣，推动地方渔业、旅游业、服务业发展，打造了海陵岛闸坡特色旅游。

风情浓在乡间席。

闸坡渔家街酒巷宴受到游客和渔民的高度赞许！

第五章

Chapter 05

小吃

月薄包

——包有香鲜脆舌尖

“月薄包”是闸坡最出名的小吃。如果到闸坡，不曾品尝过月薄包，那将是一件遗憾的事儿。月薄包是闸坡小吃的代表，真正的海边风味。品尝了月薄包，你就对闸坡小吃有了更深入的感受。

有人称它“热薄包”或“叶薄包”，也有人称它“鱼薄包”，有些地方称这类双皮合拢半圆形的小吃为“角子”，广州人则多称它为“粉裹”。称谓不同，表达的感受与审美也不同。

有时候，手上拈起一个月薄包，禁不住会问：为什么乡民特别喜欢它？仔细观察，月薄包的外形有点似月牙，薄薄的外皮，包裹着厚厚的馅料，满口香脆鲜美，如“薄包”二字，道出了它与别的小吃最大不同是皮薄，不但做工要考究，馅料还得丰满。其实，深入品味，发现月薄包的特色在于馅料，它采用本地特产的小牡蛎、虾米和萝卜做馅，还搭上一点猪肉，风味就有了吃菜的感觉，很诱人。

民间的许多小吃，多使用糯米粉做原料，能制出软糯的口感。月薄包使用的却是大米粉，追求食性平和，原料来源方便，只要制作得当，口感既脆还软，富有咀嚼劲。月薄包不以添加其他淀粉来改变传统特色，始终保持乡间风味不变。后期煎制，坚持使用柴火大灶大铁锅煸起焖熟，若用油炸方式来增强它的香脆口感，总觉得与传统风味存在差距，或许油炸诱人，但它不是月薄包原始的制作和经典的风味，它应是软中有脆，脆中还香的味道。保持传统，能让人从记忆中回到从前，感受乡间 制作月薄包那样温情

月薄包

且纯朴的时光，还有热热闹闹吃月薄包的动人场面。

乡民制作“月薄包”不嫌其烦。只要家里有现成的小牡蛎肉，就撸起袖子搓粉做月薄包了。大米用水泡过之后，杵臼里舂起，就过筛取粉备用；小牡蛎、虾皮、萝卜丁（焯水）、五花肉下油锅爆炒至香，下盐、白糖、生抽、味精和葱花增香提鲜；用开水在米粉中调出一小部分粉团，放入锅中煮开熟透舀起，糅入一定的米粥与米粉，搓成半生熟的粉团后，便将粉团擀成面皮，用小碗作模具裁出圆状小粉块，放入馅料，再将粉块对接包裹馅料形成月牙之状，粘牢接口，便可下锅煸起。热锅中刷上一层猪油，把月薄包贴到锅壁处，文火慢煎。煎制过程中不时轻洒清水，形成蒸气，加速月薄包熟化。当外露一面焖得半透明、贴锅的一面煎至微黄时，即可出锅品尝了。出锅的月薄包最是吸引人，一口柔软，一口香脆；一口米香，一口馅鲜，特别是那小牡蛎和萝卜共生出来的鲜汁，夹着肉香，在葱花的提携下，满口鲜甜清润，让味蕾一一绽放开来！

乡民喜欢吃月薄包，不是一般的喜欢。每一次的制作，都会是大阵仗，一锅接一锅地焖；一个接一个地嚼尝，非得牙累胃满不可。不论节日，或是休闲日子,只要馅料现成,吃货们都会制作解馋的。春分、中元节、中秋节、重阳节、冬至节更是品尝月薄包的大好时机,乡民不约而同地做月薄包贺节。味道与节庆捆到一起，在舌尖留下永久的记忆，已不只是味道，还有风俗与风情。

小牡蛎肉

印 仔

——印得香美飨乡亲

住在城里的朋友听说我要到城里来，电话里要我带上闸坡的印仔过来，要不就不够交情。虽然话有几分调侃味，但可见闸坡印仔已在人们舌尖上扎根，惹得人们对它念念不忘！印仔，只是一道地方小吃而已，何来如此的魅力？它有怎样过人之处而受到人们的喜爱？

印仔与月薄包同是闸坡最具特色的小吃。说到月薄包，不由自主地联想到印仔，两者都有浓浓的乡土风味，从形态到味道，都有鲜明的地方特色。

乡民把模说成印。比如小孩子长得很似父亲的模样，就说是从父亲那里“印”出来的。这里的印指的是模样。印仔就是每个大小相同，样子与味道同出一辙。虽然如此，但它吸引人的是风味。

印仔同样是用大米粉制作而成，制作时使用模具，规范大小，采出图案，故称印仔。印仔大小跟一个小广口瓶盖差不多，厚度也相似，基本制作与“月薄包”做法相同，只是多了一道入模采范的程序，以及馅料不同而已。

乡民制作印仔喜欢使用虾皮、花生、精肉、葱花、五香粉等作馅料，这些馅料不但香口，还能咀嚼，更能回味。印仔模坯做好之后，就下锅煸熟增香，过程之中，依然轻洒清水，制造强大水蒸气，加快印仔熟化。

如果说月薄包的口感香脆甘美，那么印仔就是焦香可口，风味上二者难分伯仲。乡民饮茶食饭要点心，二者都不缺，各占一半。其实，乡民喜欢

印仔

印仔配菜

制作印仔

印仔最根本的是它制作成本不高，售价平宜，吃上三五个印仔，也花不了几块钱，还可口。对比一些小吃，风味不怎么样，成本却是高，售价也不低，吃一点花钱不少，也不是很好的味道。

印仔何时开始有？无人能回答这个问题。而印仔作为闸坡乡土小吃，是每一代人的品味，是很传统的小吃，流传久远。记得小时候，在我家附近，有一个手艺匠，他家除了做粉皮、豆腐花之处，还做印仔卖。每天早上总在他家门口摆上一簸箕的印仔，路过的人见到忍不住嘴馋，花一毛钱买上两个来吃。那印仔刚刚出锅，还热气腾腾，非常可口，特别是印仔里的小虾米和花生，能让人着迷。那时，能吃好多的印仔，多在节庆日，不但家里有，邻居或亲戚也送过来品尝。平日里，又总是中午，小巷子里总听闻叫卖印仔的吆喝声，那个手艺匠头顶着一簸箕的印仔走了过来，在众人面前拿出马扎，亮出一簸箕刚刚出锅的印仔，立即引得众人围了上来，大伙凑钱揽下他那簸箕的印仔，个个吃得无比的开心。

如今制作印仔出售的小贩或商家越来越多，酒店、大排档、小餐馆、农贸市场、码头、甚至是巷头街边都有摆卖，喜欢吃印仔的，都会满足。呷一口香茶，品一口印仔，脑子里就浮现出童年的时光，记忆与味道一起回甘。

猪肠碌

——唯此一卷入春秋

“猪肠碌”是阳江人重要的茶早点之一、阳江小吃的一张名片。乡民十分喜欢吃猪肠碌。由于闸坡靠海，猪肠碌也就有了海边的风味特色。

猪肠碌这个名字，很能体现阳江俗文化，它形象生动地道出了这份小吃的外貌特征。“碌”，本意是指圆柱状之物，比如：一碌棍、石碌；口语表达动态时，有翻转滚动的意思，如“碌转”“碌地”等。猪肠碌未分段时似是一碌棍的样子，分段之后的每一段状如村口碾谷的石碌。更有意思的是，猪肠碌是通过卷动粉皮包裹馅料而完成制作的。由此可见“碌”字精准又形象地勾画出这份小吃的外形特点。不止于此，猪肠碌外形能让人联想到既普通又香口的猪大肠，所以它会与猪肠联系到一起。阳江人就是喜欢用通俗生动有趣，还内涵的手法，为心爱的东西起名字。

猪肠碌外皮是粉皮，内馅也是粉皮，这让人颇觉意外，却恰恰是“猪肠碌”的精妙之处。除了米粉之外，精肉、肥肉、豆芽、葱花、五香料组合的馅料是闸坡猪肠碌的风味特色。猪肠碌百分之九十是淀粉，它能填饱肚子。吃一条猪肠碌，就有一顿饭的感觉，怪不得人们视猪肠碌可“准餐”。

猪肠碌何时才有，何人发明？难以考究，也不十分重要。重要的是它面世之后，就受到广泛的欢迎，阳江各地争相出品，各有特色；男女老少都喜欢品尝。

猪肠碌

闸坡镇很早就有了兜售猪肠碌的小挑担，穿街过巷地叫卖。孩提的时候，用五分钱可以买到一条好大的猪肠碌，不像现在的个头，细小且内容简约，不像碌，似是棍，唯可理解现代人在乎的是风味，量的多少变得不大重要了！还记得 20 世纪 70 年代，可用大米到集体食品加工厂的窗口换粉皮回家做猪肠碌。那时舌尖品味贫乏，能吃上猪肠碌是一件很高兴的事情。

闸坡的猪肠碌如果没有豆芽作馅料，风味特色就不明显了。豆芽与猪肉、粉皮、虾皮、五香味料拌炒出来的味道就是闸坡的风味。豆芽是老百姓的菜，它能使猪肠碌既香口又富有嚼劲，咀嚼中慢慢地品味，若换别的材料，就没有这种感觉了；虾皮是海鲜食材，有了它，就有了海边的特色。随着食材的丰富，馅料有了多种的选择，风味也就不断更新，但我还是觉得豆芽、虾皮、五花肉和五香料最吸引人，似是经典的搭配。

闸坡乡民吃猪肠碌不喜欢添加过多的调味料，没有别的地方乡民蘸点牛杂汁或什么汁的习惯吃法。当然，地方口味习惯无可厚非。而猪肠碌抹

手工制作猪肠碌

猪肠碌

上一层猪油，撒上翻炒过的白芝麻，倒是乡民一直喜欢的。

笔者喜欢吃猪肠碌，闸坡镇各酒楼出品的猪肠碌都吃过，还是觉得闸坡新城渔村做的猪肠碌从口感到外观、风味到品质，更好一些，喜欢它用材新鲜、干净，风味纯正，还可口。

猪肠碌成就了一些个体经营户。每天早晨，有很多固定的小摊档摆卖猪肠碌，也有流动小贩叫卖的。近几年，猪肠碌已出现在大酒楼点心供应车上，从普通百姓的早餐，跻身到高规格接待用餐上来，这是猪肠碌身价的提升，当然是一片叫好！

猪肠碌为阳江所独有，对地方的饮食文化影响甚大，它已是阳江的一个文化符号，唯此一卷乡味可以载入地方饮食春秋史。不管身在何方，如果看到猪肠碌，就会想起阳江，想到闸坡，想起它独特的风味和俏皮的名字！

芋头糕

——普通自有特色香

芋头糕为很多人熟悉，不论走到哪里，都有芋头糕这一份小吃的影踪。芋头糕虽然普遍，不同的地方，却有不同的风味，它承载一个地方特色食材或不同的制作工艺。

芋头性甘平，气味芳香，归肠胃经，富含多种微量元素和多种维生素、胡萝卜素等成分，能增强人体的免疫力，还可充饥。

说到芋头糕，还是觉得闸坡海味芋头糕好吃。一些农村乡镇集市小吃摊档出售的芋头糕，馅料是芋块、猪油渣、五香料，这也很有特色，但觉得品质不高。闸坡的芋头糕，馅料不止于芋块，还有五花肉、虾米、鱿鱼丝、五香料，外层还添加蛋皮，颇有丰盛且高品质的感觉，如这样的芋头糕不在酒店里，多在乡民家庭贺节的小吃之中。闸坡乡民制作芋头糕，多选用本地产的香芋为原料。这种香芋个头适中，水分少，淀粉多，香味悠长，与海味搭配，颇觉甘美。一大盆的芋头糕分割起来呈现在眼前，就觉得很亮眼，材料如此丰富，保准是一顿大餐。咀嚼起来，感觉芋头丰满起粉、海味丰富浓郁，吃不停口。

芋头糕是乡民中秋贺节的重要点心，几乎每家每户都制作。芋头糕与月饼和应节的水果一起可祭神供月，搭载心愿的。

中秋节前一天的晚上，每户人家都在制作芋头糕。大米用清水浸泡个把小时，改用石磨推碾出米浆；海味下油锅爆香提鲜与小方块芋头兑入米浆里去，入五香料和盐、猪油搅拌均匀，注入范盆里，隔水蒸制约 90 分钟

芋头糕

出锅，随即将蛋皮和葱花撒在糕体上面黏合，装饰起来，显得风味十足，打动食欲。当糕体放凉之后分块切开，但见芋头小方块藏在糕体里，一点一点地招人嘴馋，那橘红色的虾仁和鱿鱼、点点可辨且油香溢出的猪肉，给出了丰富的美味色彩，一阵鲜香气味随着热气而升腾，闻者无不垂涎。

八月十五晚，明月当空，万家灯火，芋头糕就摆到赏月的案前。点燃香烛，焚烧银宝，默默地祝福平安富裕的日子永远相随，而焦急的舌尖就只等祝颂礼毕的一刻，把那鲜香满满的芋头糕尽数收入肠胃里，舔着手指回报它的美味。

油角子

——新春小角人情味

节庆小吃油角子在闸坡渔港出现比较晚，约有 40 年历史。20 世纪 70 年代中期，广州工作的闸坡人将油角子带回家来贺节，渔民一下子就喜欢上了它。于是，家家户户做油角子贺新年，访亲戚朋友也忘不了带上一袋子油角子作手信。那个时候，每个家庭的客厅里总摆放一个餐柜子，柜子里放上几铁罐子的油角子，除了展示富裕足食之外，亲朋好友来访，敬上香茶，奉上油角子，尽显体面好礼。

油角子好吃，制作却费时费力。那时没有家用小设备，揉面擀面都得人工完成，做七八斤面粉的油角子得耗时一整天，有时连续做两天。做油角子的时候，主人家叫来了亲戚、邻居、小孩的同学、朋友或同事，共聚一屋，辛苦制作。男女老少，聚集一处，一边和面、擀面、包角子，一边说说笑笑，其乐融融。年轻人喜欢热闹，十分愿意扎堆做油角子，借此结识新朋友，开启新友谊，有的青年男女也因此相遇而成恋人，缔结一段良缘！因此，每有人家做油角子，只要招呼一打，青年们都喜欢参加，借此机会交友问缘。

油角子酥脆香甜爽口，做工也考究，品相饱满，经过多年的沉淀，已有了闸坡地方风味特色：面粉、砂糖、鸡蛋、猪油、适量的小苏打混合和成面团，将面团擀成薄皮，用采型器将面皮采出小圆块，小圆块上放下炒花生仁、炒芝麻、白糖砂、椰丝等馅料，对接包成半月形，再将接口采成水波纹，捏合牢固之后下锅油炸，炸成金黄色就出锅了。

富貴

油角子面皮早已被蛋液和猪油制酥了，当它吸收了花生油脂时，那酥质便层层地见起，散发着油香，馅料中的花生仁、芝麻、椰丝、白砂糖风味相互渗透，共生香甜酥脆口感，若添少许的香葱，就别有风味了。

油角子虽然不原产于闸坡，随着时间的推移，历史在上面已深烙地方文化印记，还有海边的味道。此外，油角子已由原来消遣小食变得与粉酥、煎糍 (堆) 一样重要，也是春节重要的贺节点心，某种情况下，它比粉酥靠前，已唱主角了。

品尝油角子，不由自主地想起那纯真的岁月，想起我们年轻时做油角子引来的友谊，甚至一段情缘，它如油角子一样在岁月中散发香酥，愈加可口，内心常常感到幸福。

叶贴

——叶子之上乡风满

叶贴或称热贴。作为一道乡间小吃，不论名字如何，改变不了人们对它的偏爱。而我以为，用叶子作垫层，称它叶贴较热贴准确一些。叶贴在阳江也有别的称谓，有的地方称糯糍。叶贴或是糯糍，都是糍粑一类，这是极为普遍的小吃。

乡民制作叶贴喜欢用波罗蜜树叶或箬叶、芭蕉叶作垫层，虽然风味没有多大变化，就是多了一点乡土色彩，增强外表一点美感，最重要的是有了乡土风味的范。波罗蜜树叶、箬叶、芭蕉叶气味清香，容易从糯饭粘连中脱落。如果不用叶子,大概品尝叶贴不那么方便,还缺少叶子带来的清香。

乡民制作叶贴分甜味、甜咸混搭两种，馅料多样。甜味叶贴，习惯使用炒花生仁、椰丝、芝麻、白砂糖作馅;咸甜混搭味叶贴多用猪肉、炒花生、叉烧、虾仁、香葱等作馅，其实是甜皮咸馅。甜味叶贴清甜可口；甜皮咸馅的叶贴油香馅美。两种风味都不分优劣，都是舌尖追捧的对象。

糍粑的制作各地有所不同。江南地区农家有用糯米蒸成饭，反复捶打成面团，截出挤子，包入馅料随吃，很少使用垫层。这是区别于叶贴最明显的地方。而乡民制作叶贴使用的是深舂过筛的糯米粉，用开水制出部分熟粉，与生糯米粉糅合成粉团，截出挤子，包入馅料，采封好后放在叶子垫层上,下锅隔水蒸煮熟透而成。叶贴制熟之后能否保持“褒”态,则见功夫,为保“褒”而用粘米粉比例过多，则口感不爽。 相反，用糯米粉过甚，则

叶贴

无法“褒”, 不好看。因此, 精准的用粉比例是制作品相好看的叶贴的关键。同样的是，叶贴馅料准备不充分，预制过生过熟，也都会失之良好口感的。馅料在高温之下，各种营养分解组合出来的味道，能使叶贴的风味更觉悠长耐品。

刚出锅的叶贴蓬勃饱满，润泽透亮，口感非常好。咬上一口，软糯甘甜的米粉从嘴里轻轻拉出来，柔丝似断还牵，感觉软韧绵甜，肉香、油香、米香、糖甜随之而来，充满了整个口腔，缠绕在舌尖上。没有三五个放入口里，是不觉得满足的。

叶贴在乡民的意识里，它贺节的意义比品尝的意义更大。不论哪一个节日，贺节的小吃都不会缺叶贴，就是春节这样重大节庆祭祀，都要用它供奉飨献祖先。过新年，没有叶贴无法想象，穷富人家都得制作叶贴贺新年的。除此之外，乡民喜欢吃叶贴，已不是一般的喜欢，是不设时限、不固定场所、不讳于吃相，大快朵颐。休闲品味，或随访手信都可以有叶贴，吃叶贴，赠送叶贴也成乡风习俗。

圆 子

——一碗风味意团圆

“去鄂家里吃圆子咯！”乡民称汤圆作圆子或糖糍，还习惯邀请朋友同事一起到家做客品尝，满满的热情能量。

汤圆起源于中国宋朝。古时明州（现浙江省宁波市）乡民用黑芝麻、白砂糖为馅，用糯米粉搓成圆形包起，煮熟成香甜可口的新美食。这就是最早的汤圆。

著名楹联艺术家、诗人、书法家、学者陈志岁《汤圆》一诗云：“颗颗圆圆想龙眼，耋龆爱吃要功夫。拌云慢舀银缸水，抟雪轻摩玉掌肤。推入汤锅驱白鸭，捞来糖碗滚黄珠。年年冬至家家煮，一岁潜添晓得无？”陈志岁把汤圆从制作到吃汤丸，还有体会说了一遍，在读者面前勾画了一幅民俗风情图。

汤圆已是风俗食品，各地制作和吃汤圆有不同的文化表现。闸坡乡民新居入伙、婚娶、过新年等重大庆典，或白事都有吃甜汤圆的习俗，当中犹以新居落成庆典吃甜汤圆隆重热闹。新屋举行入伙仪式的当天，主人家邀请左邻右里、上学堂的小学生、上班路上的工友到家里吃甜汤圆，不分亲疏，一同有请，讨的是热热闹闹，人多兴旺。白事办完，亲戚朋友要吃碗甜汤圆，讨吉祥，寓意否极泰来，往后日子甜甜美美，团团圆圆，平平安安。某些重要庆典，还兼备咸甜两种汤圆招待客人，寄意生活有甜有咸，丰餐足食。除此，中元节、冬至节、春节等民间节日乡民也有吃汤圆的习惯。最特别的是，新春开年第一天，头一碗美食就是甜汤圆，意味深长的是家人新年团圆美满幸福。

圆子

除了风俗习惯之外，汤圆也是乡民喜欢的日常小吃。改革开放初期，个体饮食业迅速发展起来，许多小吃店开张经营，售卖传统小吃。闸坡庚叔的小吃店主营咸味汤圆。店铺虽然不大，可它是个老字号。庚叔制作的海味汤圆，颗粒规范，熟透略显透明，口感软糯细滑，富于弹性，汤味十分鲜美，很受食客的欢迎。

过去制作汤圆的主材料是糯米粉。乡民认为糯米有点“湿热”。《本草纲目》说糯米黏滞、难化，《本草逢原》也说糯米若做粘饼，性难运化，病人莫食。乡民健康饮食意识提高了，制作汤圆一改过去的做法，食材越来越丰富，用红薯、紫色薯、南瓜、火龙果汁、红萝卜汁、菠菜汁等食材糅入糯米粉里做成汤圆，口感爽滑，色彩鲜艳，营养丰富，美味健康。

本地风味汤圆制作比较简单。糯米粉开成生熟粉团，或将熟制好的红薯、南瓜糅入粉团之中，或加入火龙果汁、红萝卜汁、菠菜汁使汤圆增加色彩，加强营养。制作咸味汤圆，先将猪肉丝、鱿鱼丝、虾米、蛤蜊肉与蒜蓉、生姜、花生油下锅翻炒，添足盐味，兑入清水煮沸，制成高汤，再下圆子。当圆子在高汤中煮熟浮起，即可上盘，撒上葱花、芫荽就可开吃。甜圆子的煮食更简单：砖糖、姜片、橘饼、红枣加水煮成糖水，下圆子于糖水之中煮沸浮起，即可上盘品尝。糯米粉做的圆子容易绵烂，若下圆子于开水煮起再放糖，煮制的时间会长，糯米圆子遇热容易变溏，口感极不好。先煮糖水后下圆子，是优良口感的重要环节。

隆冬时节，寒冷沉闷，无计丢闲之时，特别想吃一碗咸汤圆，暖暖身子，打发闲情的。想吃就做，准备食材，开粉揉面，下锅烹饪，忙活半天，汤圆便开吃了。热气腾腾的圆子端上来，一汤匙圆子滑下肚子里去，体内就有了热量，甚觉暖和。这边电话邀约几个好友也陆续过来，一起吃咸圆子，边吃边聊，更觉汤圆有别样的风味，那是热情与乡情。

咸水糕

——犹有海味可蒸糕

用海味为馅的蒸糕被称作咸水糕。

品尝香鲜的咸水糕，过往的情景便浮现眼前：每到中元节，或是中秋节，家里总会蒸制咸水糕贺节，家人一起吃咸水糕，心情格外高兴。

节庆前一天，家母已忙开来了，泡大米，立石磨，碾米浆。阳光从窗外射进家母的脸上，能看到她幸福的样子。在她心中，美食与节庆是不能分开的。她正在用汤匙舀起泡米，送进石磨的漏孔里去，手推磨盘转动，米浆就从上下磨盘之间碾了出来，流到一个盆子里囤起。米浆是蒸制咸水糕的主角，越精细，咸水糕口感越是嫩滑，越有韧性，越好吃。

渔家人制作咸水糕当然以海味做馅。比如鲜虾仁、瑶柱、咸鱿鱼、精肉等，这些是制作咸水糕的经典馅料，长期以来没有改变。家母说唯海味做出的咸水糕才好吃，合水上人家的口味。做咸水糕虽然简单，也得用心呢。比如馅料焯过水后，切碎，下油锅与蒜爆炒生香，加入精盐、味精提鲜装盘备用；部分米浆煮熟成糊，加入生米浆之中，添点花生油、混入馅料，搅拌均匀等待下锅；蒸盘（范盘）刷上一层花生油，填上一层米浆，就放进锅里隔水严盖蒸起，半节手指长度的炷香烧过，就再往蒸盘下第二层米浆续蒸，就这样层层加码，添至满意的厚度为止。从最后一次米浆下锅算起，烧过两节手指长度的炷香，咸水糕就熟了，起锅放凉后切块，要怎么吃就怎么吃。家母说得头头是道。咸水糕在家母精心打造下，终于蒸煮成功，看那咸水糕层次分明，糕质白嫩柔韧，散发出一股浓浓的海味和米香，见

咸水糕

之真想拿过来，塞进嘴里去。家母及时打住，说要先敬祖先，我们才可品尝，这是老规矩，不可逾越。家母说的也在理啊！

我观察乡民在家庭制作咸水糕，有使用大范盘制作的，也有使用小陶盘制作的。大范盘制作的咸水糕，糕体结实有层次，分块品尝；用小陶盘制作的咸水糕，糕质较之软糯，用小勺舀着吃。不管哪一种形态，味道是差不多的，口感有所不同，因人所好罢了。

咸水糕作为一种地方历史悠久的小吃，也代表了地方小吃的某一经典风味。它是一款地道的海味小吃，有着浓重的海洋文化色彩，明显的海洋风俗印记。海上人家制作小吃贺节，咸水糕是唯一的选择。而制作复杂一点的小吃，小船家居条件就不允许。馅料使用便利，操作简单，还很好吃，是咸水糕被水上人家接受和品味的重要原因。节庆祭祀以咸水糕作为供品，体现海边人家对这份小吃不一般的态度，味道已上升到文化意识层面上来。渔家人在节庆、婚嫁庆典都会制作咸水糕贺节添庆的，平常的日子里只要材料现成，不厌麻烦，也会制作一顿咸水糕解解馋的。

浅海船家

咸馍仔

——味含乡愁添情结

当地人称半糊半块状的小吃作馍（阳江读音：妈）仔；用海鲜作馅料制作半糊半块状的小吃称“咸馍仔”。有人把馍仔与“酹镬鐣”相提并论，说咸馍仔就是酹镬鐣。从形态上归类有一定的道理，但制作和风味是有所不同的。

咸馍仔与酹镬鐣二者区别在于制作。米粉与熟粉混合搓成粉团再擀成面皮，切成条或小块，用海味作馅料烧制高汤，下锅煮熟就是咸馍仔，也称“刀切仔”。酹镬鐣则将米浆流注在锅壁上受热形块，再脱离锅壁与海味馅料制作的高汤一同煮熟而成，制作上一气呵成。虽然二者所用馅料相同，但两种不同的制作方法，在形态上就有差异，也有着不同的风味。咸馍仔略有嚼劲；酹镬鐣软滑；酹镬鐣没有甜味的，而馍仔有甜咸味两种。由此可见，馍仔不等同于酹镬鐣。

咸馍仔还有一种做法是：下花生油及大蒜爆香；将米浆渐次倒入锅中，不断地翻炒，米浆受热变得结实如团状，再用锅铲切割分解成小粉团，装盘备用；油锅再次烧起，下馅料用花生油爆香，加入高汤、下小粉团煮开成熟，加葱花上盘品尝。这种制作，有点相似酹镬鐣，但依然区别。小粉团富有嚼劲也爽滑，只是功夫多花了一点，还得防备烧焦，制作有风险，一般人不大使用，多采用第一种方法，较之稳妥一些。

乡民吃一顿咸馍仔很觉平常。家门前海滩有蛤蜊，挽起裤腿，下海抓得蛤蜊或小虾，第二天，就可做咸馍仔品尝了。蛤蜊肉与鲜虾仁是咸馍仔经典配料，有了它，咸馍仔就鲜味可口。真是资源决定口味！

咸馍仔

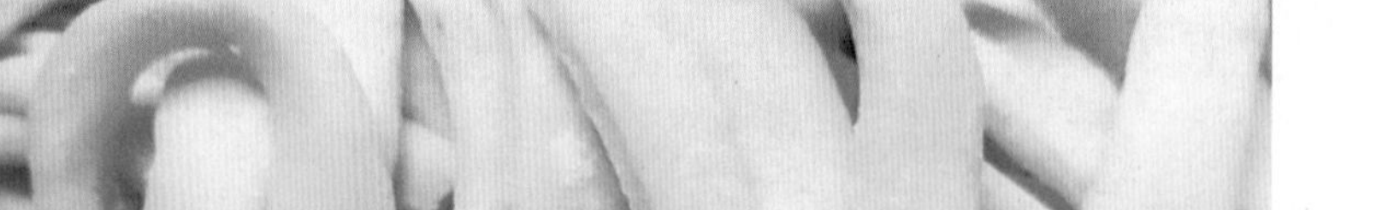

刀切仔

咸馍仔是一道乡情小吃。乡民每到春分、端午、中元节、中秋节都会制作咸馍仔品尝的。有的人从小到大都吃咸馍仔，这份美食在心中已成为乡情。那浓浓的味道不时在脑海中泛起，家的情景就在眼前。有一个闸坡籍的香港商人，小时候经常吃咸馍仔。赴港之后，他一直想念着咸馍仔的味道。改革开放之初，他第一次回乡，就到菜市场里吃咸馍仔。一顿咸馍仔勾起他浓浓的乡情与回忆。回香港的那一天，他仍然放不下家乡的味道，说下次回来再吃咸馍仔。由于各种原因，他很久没有回乡来。最近一次他回乡助学，我记起三十多年前他曾许下心愿回家乡要吃咸馍仔。于是我就用咸馍仔接待了他。席间，我说起三十多年前的往事，再次打动他的内心，勾起了童年的记忆。他对我说：虽然是一顿平凡得不能再平凡的咸馍仔，可它是心中无法忘记的乡味。这次得到你热情招待，能再次尝到了咸馍仔，了却了我的心愿。家乡人没有忘记我这个游子，家乡的咸馍仔是最暖心的味道！一席话说得很动情，他眼中也闪动着泪光。

咸馍仔配菜

真的如这位商人说的那样，咸馍仔曾经伴随我们童年时光，甚至度过不平凡的日子。这份味道已是情结，更是乡情难忘！

虾 馍

——尽释鲜香在脆中

虾馍，是用米粉和海鲜为原料做成的油炸饼，以虾命名，说明它既香又鲜。阳西沙扒渔民用鳗鱼肉作馅料，以同样的方法制作的油炸饼称“鱼馍”。两者相比较，各有特色。而我还是觉得闸坡的虾馍风味更鲜美，更加可口一些。闸坡虾馍馅料有鲜虾、鲜鱼、鲜鱿鱼、鲜蛤蜊、鲜小牡蛎等，突出食材的海鲜味道。

虾馍的鲜香是其他油炸饼所没有的，特别它以海鲜整材作馅料，外观给人既真实，又丰满的感觉。比如：几只鲜虾摆放在米浆上面，油炸后，在饼块上半露半藏，感觉馅料十足，颇能挑逗食欲。虾馍色泽金黄，酥香爽脆，若蘸上一点淮盐，就没有人能抵挡得住它的诱惑。只要轻轻咬上一口，就会被它脆到舌根，香到肠子里。

入秋，海鲜肥美，大量上市，做虾馍的摊档便在热闹的街道两旁摆开来。当街摆上一锅花生油、一盆子米浆、几款新鲜海味、一簸箕生菜，就可以开卖虾馍了。把花生油烧到六七成温度，锅铲上添一层米浆，将馅料置于米浆上面，撒上葱花，再盖上一层米浆，轻轻地放进油锅里炸起。当锅铲上的米浆变成金黄色的板块，从锅铲上脱下来时，接着第二铲材料下锅。如此这般，连续不断的操作，一锅的虾馍就很快出锅了，香气四溢，十分诱人。

虾馍的香是鱼香、葱花与花生油脂相遇反应出来的可口味道；米粉油炸之后特别的酥脆，与海鲜融为一体，香得无与伦比。虾馍毕竟是油炸之

虾馍

制作虾馍

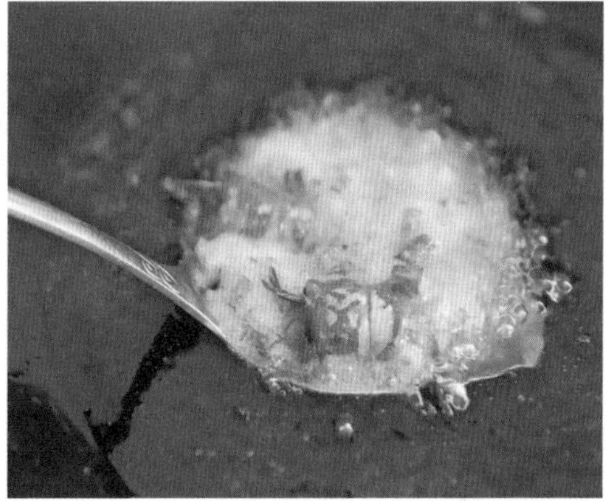

制作虾馍

食，刚出油锅就十分燥热，但又无法回避它的诱惑，只好找来生菜包裹着吃，这就有点像吃汉堡包，很觉时尚。生菜减少了油炸的烈性，使口感得以清新，转而对虾馍那份刚烈就无所畏惧了。

虾馍好吃，让人无法自持，不大讲究吃姿，随小摊档买来，站着街边品尝，大口大口地咀嚼，甚觉痛快。而小酒下虾馍从来都是闸坡渔民坚定执着的吃法。寒冬之日，几块虾馍，一瓶土酒，三五知己，围桌而坐，有滋有味地品尝开来，时光在此变得有了温度，且慢慢地走过！

酹镬鐣

——唯此美食未忘记

“酹镬鐣”是阳江地方特色小吃，各地风味不尽相同。而闸坡的酹镬鐣有海鲜风味，自有特色。

从味道评价酹镬鐣，鲜美爽滑是它的特色；若从制作上看，酹镬鐣很有艺术创作的范。火候尺度、酹浆运作、馅料搭配都有讲究。制作时如书法提笔运腕，既要腕力，也要指功，还得有临帖时的训练会意。

酹，阳江方言读音同“赖”。文字解释是把液态东西洒向地面。此洒不同彼洒，是旋转、下注和停顿。酹镬鐣的制作就是用米浆“酹”向锅壁受热成块而完成的。酹的功夫内涵很丰富，观摩可以会意，但以言传表达有点难。有的地方民众也把酹镬鐣称作“酹镬边”。这更能说明它创作的空间不是任意，是有边际尺度要求的。

“酹镬鐣”作为一种“准餐”式小吃一直伴随着祖父辈们的艰苦生活。五六十年前，粮食不够吃，许多家庭或将大米磨成米浆，增加数量，提升果腹水平,得以充饥。新生代们不大熟悉这份“准餐”的来历,今天偶尔品尝,堪觉美食。然而，酹镬鐣由准餐提升到今天人们追捧的美食，社会已是进步了，物质供给已富足了。近几年，穿街走巷卖酹镬鐣的人越来越多。阳江雅韶有农户专业做起酹镬鐣生意，十里八乡闻名，人们结队到那里去品尝。一条小村子已成为制作售卖酹镬鐣的专业村，村民的收入增加了不少，甚至把它培育成乡村建设的特色。

过去，农渔民生产劳动强度大，生活节奏紧张，求饱肚之外，还得省工省时，而且还要有风味。这就是酹镬鐣应运而生的条件。时过境迁，物质需求发生了很大的变化，原本一些基础性的食品已退化为小吃或偶尔品尝的味道。

酹镬鐣

闸坡乡民依然把酹镬鐣视作小吃，突出海鲜特色，多使用本地的蛤蜊、小牡蛎、虾皮和鱿鱼作馅。海鲜让这道小吃风味成为渔家美食的经典。

大米用水泡软后，用石磨碾出米浆备用；猪油与大蒜一起下锅爆香，下五花肉、虾皮、蛤蜊肉、小牡蛎等翻炒，调入适量的盐，加入适量的水烧成为高汤；在锅壁上酹上一圈米浆，当米浆受热成块后，舀起一勺高汤淋向粉块，使之脱离锅壁滑向高汤之中，这一过程便是“酹”。酹是制作的重要环节，是成功的关键，酹的方法正确，口感就好。粉块于高汤中受热膨胀，高汤变得黏稠，如馍一样的状态便可出锅装盆，撒上葱花、芫荽即可开吃。酹镬鐣的粉块富有弹性、质地透亮、油润爽滑，搭上鲜美的海鲜，就令人爱不释“口”了。

酹镬鐣制作当一次成品，当下家用铁锅口径很小，制作起来有点麻烦。过去家庭使用的铁锅口径很大，有的是“牛一镬”，直径大于一米。这种大铁镬周边空间大，酹起米浆来很舒展，也便于成形，还量大。

酹镬鐣的制作过程，充满了乡土气息，有着明显的时代印记，体现了劳动人民的聪明才智。很多时候，一些乡土乡情的人和事早已淡忘，当乡味袭来时，童话般的故事再次浮现，与美食一样令人回味无穷。

斧蚶

小牡蛎肉

酒杯印

——一杯深情敬远亲

乡民把饼模说成印，就是采范的意思。“酒杯印”是用酒杯作为饼模规范采样成形的小吃。酒杯印形状如一个倒置状的酒杯，但它粉香可口，很有小吃的范。

酒杯印以甜味为主，或有杏仁香。它外皮板结，内质松酥，米香特别浓，很讨小孩子喜欢。每过秋收，粮食入仓，农家制作酒杯印与人分享丰收的喜悦。特别到了立秋后，农村各种小节庆频频到来，酒杯印便隆重登场，成了乡间小吃的主角。

小时候随大人探访乡下一位亲戚，见过亲戚家制作酒杯印，那富有乡情的画面，一直留在脑海里。那天屋外小雨纷纷，屋里暖融融。亲戚阿婆说我们过来一次不容易，说什么都得做一点酒杯印让我们带回家去，记住农家的味道，记住农家的情。阿婆说罢，就在厅堂里摆开做酒杯印的阵势，小孩子们好奇地就围观过来。只见阿婆把预熟过的米粉，放进一个很大的簸箕里，将糖浆倒进粉堆里糅开来，然后抓上一把塞进一个小酒杯里面去，添上一两片炒花生仁和芝麻，轻轻地压实后，将酒杯倒置过来，杯子里的粉团就脱落到一个铝盆上，像是一个倒立的酒杯。然后，阿婆用仙仁掌果的汁，给每个粉团点上红点，立刻有了喜气洋洋的气氛。一会儿工夫，阿婆把一堆粉做成了酒杯印，排满了整个铝盆，放进大锅里蒸起，不一会

酒杯印

就冒出缕缕的香气，孩子们的口水都快流出来了，焦急地等着阿婆给大伙派酒杯印吃。品味甜甜的酒杯印，感觉幸福极了。第二天我们回家时，阿婆包了一大包酒杯印让我带回家去吃，还说日后方便就过来，亲戚就得常来常往才至亲，下次还做月薄包给我们吃呢。

时光一晃已过去了几十年了，酒杯印没有过时，依然是当下农家常做的小吃。乡下人喜欢贺节做社，即便是春分、夏至也闹闹气氛，打破沉闷；宗族同姓村民遇上社日，祭祀贺社，增进亲情，各种小吃做起，让人情变成风味，欢乐了所有的人。

留在记忆里的酒杯印风味有两种。一种叫酒杯印，甜甜粉粉的；一种叫酒杯松，香甜酥松。酒杯松由于过于酥松而呛人，弄不好，食者会大出洋相。吃着这样的酒杯松，遇上呛食，不由想到农家也玩着幽默！

酒杯印在每个人的成长过程中曾经相伴过。这种相伴不只是风味，还有乡情。当下各种新奇小吃纷繁涌现，中式、西式、中西合璧等花式繁多，百花争艳，而酒杯印依然为人们所好，甚至有酒家在茶市隆重推出，可谓亮眼。茶客们记起往日味道，也就圈点上来，回寻一下那暖心的味道。

煎糍

——团团绵箓品圆满

煎糍也称煎堆。不能说哪一个名字准确。小吃名字是一个地方饮食历史文化的某些反映，也可从中窥探一个地方饮食文化的某些特色。

撇开地方因素，独论煎堆起源，可追溯至唐朝，当时叫碌堆，是长安宫廷的食品。初唐诗人王梵志有诗云：“贪他油煎堆，爱若菠萝蜜。”后来中原人南迁，把煎堆带到南方来，成为广东著名的小吃之一。宋朝沈括《梦溪笔谈》说煎堆是糍，是一种用江米（糯米）做成的食品。据此，乡民称煎堆作煎糍是有依据的。

煎糍用粉碎过筛的糯米粉作主材料，具体制作方法：把一小部分的糯米粉用微糖水煮熟，再糅入生糯米粉，搓成粉团，截下挤子，采成粉窝，填充馅料封口成小包，下油锅煎炸，包内空气受热膨胀，小粉包成球状便是煎糍。

煎糍在全国各地都有，只是不同地方的称谓或制作不同罢了。阳江地区各乡镇的煎糍制作几乎同出一辙，没有什么区别，只有质量、风味的不同。好吃的煎糍具备三个特征：外形饱满充盈、软糯还脆、馅料好吃。要做到这三个方面，实属不易。特别是软糯还脆，是一对矛盾，很难周全，如这对矛盾能统一，那就是最好的手艺了。

20 世纪 80 年代初，闸坡有一个制作煎糍的高手，人称“肥银姐”。她做的煎糍外皮酥脆，里子软糯。每谈起肥银姐，就会想起她的“脆皮软肉煎

煎糍

糍仔”。记得三十年前，肥银姐的煎糍正当热捧之时，每天中午，一班嘴馋小伙子专等肥银姐头顶着煎糍叫卖过来，每个人吃上二三个才肯罢休。有没有现银，只好求肥银姐改天来取钱。肥银姐也爽快地答应。改天肥银姐又来卖她的煎糍，年轻人把上次钱银结了，还从肥银姐那里买了好些煎糍吃。肥银姐做的煎糍，内馅用了“微豆”、猪肉和少许五香料。微豆的淀粉丰富，野味悠长，拌精肉翻炒后，添上少许五香粉，野味更加丰富。

细剖肥银姐的煎糍仔，外焦的皮透出某种的层次感；软糯的肉品出一股浓重的豆香，真可谓煎糍中的上品！俗语云“上锅煎糍谁不爱？”肥银姐做的煎糍刚出锅，就端到街上吆喝叫卖，抓在手上，余温未散，那口感真能打开人们舌尖上每个味蕾，并一一灌满煎糍那特别的味道。

煎糍作为一种历史悠久的小吃，浸润着地方风俗文化。在海陵岛，乡民举办婚娶庆典得准备很多的煎糍作为礼饼，满足下门亲家的要求或分享给亲戚朋友。婚娶、新居庆典、小儿满月制作的煎糍个体很大，多数少馅，只有一两片炒花生仁。只要摇动一下煎糍，能听到它里面的花生仁跳动的声音，如似小鼓般声响。这类煎糍强调外皮工艺和外形硕大饱满。为达到这个要求，制作时就往粉团里充气，使之膨胀，下到油锅时慢慢地转动，均匀受热，达到理想的效果为止。贺新春时，煎糍是美食小吃的主角，这类煎糍多用椰丝和花生作馅，而且结实饱满。煎糍的制作过程很有气氛，喜气洋洋,油炸煎糍的场面更让人们感受日子的安逸。煎糍外面颜色金灿灿，形态丰满圆融，比喻团圆吉祥。“煎糍圆碌，金银满屋。”人们喜欢煎糍的情结已在这一句话里诠释得很清楚了。

乡民祭祀时多用煎糍作供品；外出访亲友带手信也不乏煎糍，这早已是地方风俗。

麻蛋

——香酥一口作好礼

麻蛋，是一种很常见、广受欢迎的小吃。清代梁绍壬《两般秋雨庵随笔·麻蛋烧猪》说：“煎堆一名麻蛋，以面作团，炸油镬中，空其内，大者如瓜。粤中年节及婚嫁，以为餽遗。”梁绍壬把煎堆说成麻蛋，或许是江浙一带的称谓。

在南粤地区，麻蛋与煎堆是不相同的。广东以外的一些地方，也有称麻蛋为油果子的，但它是用糯米、红糖、芝麻、花生、茶油做成，与广东沿海粤西地区的麻蛋不是一个品种，或许因为做法的接近，而将麻蛋归入到煎堆里去。

阳江地区的麻蛋与煎堆使用的材料和做法有相似之处，风味却不尽相同、内容与形状也有所区别。煎堆的制作是用半生熟的糯米粉和成面团之后，截成挤子，采成小窝，包上馅料收拢封口，下锅油炸成内空且外表球状的小吃；麻蛋是用半熟糯米粉揉好，搓成珠子或条子形状，不使用馅料，油炸酥脆再裹起一层糖皮而成。圆珠状的称麻蛋，条状的称麻桥，一般统称麻蛋。麻蛋被外面一层如雪花状的糖浆包裹起来，很有酥香的质感，品尝时，总被它香脆清甜可口的风味征服。

海陵岛闸坡镇麻蛋远不止于节庆小食，还是重要的礼节用品。闸坡镇有人家办婚事、新居落成、小孩弥月等重要庆典，就要制作麻蛋赠送亲友，表示崇礼示好。婚娶时，男方还得根据女方要求的数量制作麻蛋，过礼给女方，以合礼仪礼数。女方以讨到最多麻蛋为荣。因制作麻蛋成本高，男女双方会就 麻蛋的数量来一番磋商讨论："至多咪担多一担麻蛋给你，亲家！""偈爱十担麻蛋哇，你以为养个女儿容易咩 ？"这说明麻蛋在闸坡乡民婚庆礼仪中的重要性。因何如此？联系村民女儿出嫁的"坯粉"风俗，就知道女方要惊人数量麻蛋的秘密。女方向众亲友告知嫁女的喜讯， 让更多的人

分享喜悦，走访时得带上麻蛋作为手信。亲友们知道亲戚家要办喜事了，询问姑娘出嫁缺什么,就按照姑娘的心思给她置办礼物。这一风俗称为“坯粉”。粉，是指邀请参加婚庆仪式的亲朋好友。告知的人越多，姑娘的陪嫁物就会越多，越有面子。由此可见，下门亲家要惊人数量的麻蛋，就是为了走访亲友时所用。此外，庆典宴会上，主人家给赴宴的客人派上一小袋子的麻蛋作为答谢赏面。除此之外，麻蛋也是端午节乡民重要的小吃。每到节庆日，农贸市场一条街就有很多小贩售卖麻蛋。节日当天，乡民祭祀时,一碟子裹粽,一碟子麻蛋,一碟子的荔枝果,几小杯酒,就飨献于祖先,禀告先辈们过节了。

麻蛋的需求量如此之大，催生了做麻蛋的专业户。闸坡镇那洋村有一个制作礼品麻蛋的专业户，每到年末，应接不暇，日夜加班做麻蛋都难以应付。

浸狗仔

——釜中作甜品天趣

这个小吃的名字有点逗，甚至觉得有点不雅！经济条件不好，有机会搞点小吃，不求高档花俏，简简单单的制作烹调，几分爽滑，几分香甜，还能饱腹，唯“浸狗仔”恰当。它的称谓只是形象比喻，而这份面食小吃，在烹煮时，粉疙瘩落在锅里还真如小狗落水，浮沉不一，自成天趣。

观察闸坡渔民制作浸狗仔，就联想到山西运城等地汉族传统面食的制作，似是相识。山西人将面糊调好，用一块形似锅铲的工具盛起，再用一支筷子样的铁棒，将面糊横切，一条一条地刮到锅里煮熟。山西人称之“剔尖”，或叫“拨股”。闸坡渔民制作的“浸狗仔”与山西人制作的“剔尖”做法几乎一模一样，只是山西人剔出的是两头尖、中间宽的面条；闸坡渔民做出来的是面疙瘩。它们之间不会有什么传承的关系，只是食材选择的一致性，制作形式上巧合罢了。

浸狗子出现得比较晚，是在 20 世纪六七十年代缺粮时，渔民的主粮改供面粉时出现的。海边渔民少有正餐吃面的习惯，对面粉的烹制与面粉主粮地区居民的经验体会无法相比。渔民用面粉制作主食，不外乎做面条或馒头、用面时间长了，对上述吃法感觉单调，却又没有时间做其他类型的面食。工作节奏紧张，煮饭及用膳时间又不多，只好将面粉用水调成较稠的糊状，用汤匙将面糊一点一点剔到锅中的糖水里煮熟，这就很方便了。煮熟的面疙瘩形状各异，有的形态似小狗泡在水中，这便是“浸狗子”名字的来由。

浸狗子在所有面食中，做法最简单，省时省工，它迎合那时人们生活

浸狗仔

㓤粉

节奏和生活水平的需要，为乡民喜欢。浸狗仔最大程度保持了面的营养成分、特殊的芳香和原汁原味。面糊受热固化，外层变得爽滑，内里富有面香，颇有嚼劲，在甜味的相伴下甚觉好吃，若加上一个鸡蛋，那就是锦上添花了。

有一个朋友曾对我说过，自然界及人类社会，形式越简单的东西，就越是科学。这话是否适合所有的事物，姑且不论。用在浸狗仔这份面食上，还真有点道理。吃过浸狗子的人都会觉得其制作简约到毫无技术可言，但口感却出奇的好，很有特色。这个特色就是爽滑、甘甜、可嚼、丰实。如阳江本地人说的那样“既有得吃，也有得吞”，说的是实惠。

其实，细想这浸狗仔产生的背景及过程，无不为渔民积极的生活态度点赞。在艰难困苦的岁月里，渔民不被困难吓倒，反而适应生活环境的变化，自我调整心态，乐观豁达，连一口饭，也寓意得如此有趣，真是了不得！

渔民船上用餐

海味云吞

——犹有海味可成鲜

云吞，江浙一带称馄饨、重庆称抄手、江西称清汤、湖北称包面、广东称云吞。粤语的“云吞”与普通话的“馄饨”读音有点相似。乡民喜欢跟着感觉走，以谐音取名。

馄饨很早就有了。相传汉朝时期，我国北方常受匈奴骚扰，百姓不得安宁。匈奴中有浑氏和沌氏两个首领，凶残极恶，百姓用肉馅包成角子，取名“馄饨”，嘲贬浑、沌两人。而《燕京岁时记》云：“夫馄饨之形有如鸡卵，颇似天地混沌之象，故于冬至日食之。”民间将吃馄饨比作打破混沌，开辟天地。后来有了“冬至馄饨夏至面”的说法，渐渐地忘记了原来的本义，独视为节令小吃。

西汉扬雄在《方言》中提到“饼谓之饨”，馄饨中夹肉馅，以汤水煮熟称“汤饼”。经过千百年的演变，各地馄饨的形态及风味不尽相同。上海的馄饨包制方法是将馅料放在面皮的中间，两边对接后将接口上翻，手执两端向内弯曲形成带着边缘的小包。广东的云吞是将馅料挑入面皮里，然后将面皮包成小口袋样。上海三鲜馄饨很出名；重庆的抄手皮薄馅嫩；广东的云吞个体小，面皮讲究，馅鲜，在全国同类小吃中是佼佼者。

不论形态如何，云吞吃的是鲜与嫩。相同的小吃，使用食材不同而风味存在差异，甚至成为独门特色。闸坡云吞，因为使用海鲜作馅料，而成为地方特色。闸坡云吞因使用了本地的小牡蛎和斧蚶，味道而特别鲜美。高筋面粉加入适度的食用碱水和鸡蛋一起糅成面团，擀出薄而韧的面皮，在高汤中深煮不烂，还十分滑嫩。用干鱿鱼、鲜虾、猪骨和胡椒制出高汤；

海味云吞

小牡蛎、斧蚶肉、马蹄，兼少量精肉剁成馅料就用面皮包起；云吞用高汤煮开，面皮收缩现出褶子，浮于高汤上面就可捞起装碗，撒上葱花和芫荽，即成了一道十分鲜美的海味云吞。小牡蛎或斧蚶都很鲜美，与马蹄甜脆相配合，加上高汤中的鱿鱼、大骨、胡椒味，就鲜美得富有层次。嚼上一口海味云吞，感觉不像是吃面食，而是吃一口海鲜。如此风味，没有人不愿意品尝的。因此，闸坡的海味云吞已声名远播，拥有不少粉丝。

闸坡有一家云吞店经营已有二十多年了，招牌美食就是海味云吞。不管这家店铺搬去何处，食客们都跟着走。闸坡人经营云吞也有很多家，荣记云吞也不错，其落户溪头，深受当地渔民的欢迎。他们成功之处自然离不开小牡蛎或斧蚶创造的奇鲜味道。别的地方的云吞店，也有使用小牡蛎或斧蚶制作馅料的，但由于海水质量与潮汐节奏的不同，小牡蛎和斧蚶鲜美的味道存在很大差异。海陵湾的海水质量优越，石头上天然生长的小牡蛎、岛东沙滩生长的斧蚶是其他地方无法比拟的。除此之外，干鱿鱼丝、鲜虾仁加入馅料来，也是特色中不可或缺的元素。

包云吞

裹粽

——粽在端午风味浓

临近端午节的前两天，家家都忙着包粽子。

母亲把箬叶放到锅里去，添上一点花生油就煮开来，说是为了除掉叶子上的异味，使粽饭更容易剥离叶子，方便品尝。母亲包粽子的时候，喜欢叫上邻居过来帮忙，一边包着粽子，一边说着家事，有时还交流包粽子的心得，或持家过日子的体会，笑声从厨房里不时传出来。

闸坡镇乡民贺节的粽子习惯做两种风味。有的人喜欢碱水粽子，这种粽子用的糯米得先用上好的豆叶灰或食用碱制成的碱水浸泡过；有时为了好看，还在米团中间插上一条苏木条子，粽子熟透时，苏木就变成红色，连周围的米饭都染红了，很有喜庆的气氛。碱水粽子熬制时间很长，熟透时金灿灿的，软糯得很。吃碱水粽蘸点白糖或蜂蜜，特别好吃，口感清凉，不腻味。小孩子喜欢吃肉馅粽子。经济困难时期，肉馅粽子不常吃到。经济条件好的人家做了肉馅粽子过节，让我羡慕不已。有小孩用草绳子穿起肉馅粽子，故意挂到胸前，在小伙伴面前显摆，有时还拆开粽子，故意亮出肉馅，把馅里的咸蛋黄和五花肉挑出来吃，引得大伙直流口水。如今家里包肉馅粽子已不困难了，馅料除咸蛋黄、五花肉之外，还有绿豆、虾仁，有时也有江瑶柱或鸡肉。我最爱吃一种用“蛤蒌”植物叶子包裹五花肉作馅料的粽子，那味道很是乡土。而母亲不让我多吃，说糯米湿热，多吃不容易消化。刚出锅的粽子特别好吃，糯饭夹着箬叶的清香，激发我的食欲。过节之后我喜欢带一点粽子回单位分享给同事们吃。同事们都说我家的粽子好吃，有海味。听到同事们的赞扬，心中很是高兴。 端午吃粽子，只是

赛龙舟

手工包裹粽

乡民选购菖蒲和艾蒿

裹粽

麻桥

节庆需要美食而已，真正令我感兴趣的，还是母亲操办的贺节仪式。五月初一，镇上便有了贺节的气氛，母亲把我从床上叫起来，要我把菖蒲和艾青插到门框上。母亲说：“艾青是老虎，菖蒲是剑，门前有老虎和利剑把守，邪妖休想进屋里来。”到了初五日清晨，镇上到处响起鞭炮声，家家户户开始过节。母亲将粽子、荔枝、麻桥、猪肉和肉鸡摆到祖先堂前，禀报祖先过节了。敬过祖先之后，仪式便移到门前的巷道上，告诉各路神仙过节，保佑全家老少平安，说罢就把纸钱、香烛放到门外烧了，炮仗就噼噼啪啪的一阵蹦响，祭拜的仪式也就结束了。其实，这只是一种精神寄托罢了，而母亲这一代人里，多有感恩，对生活的态度最虔诚。

母亲叫我吃艾酒。我尝了一口,没有汽水好喝,只挑了一些荔枝肉吃了。母亲要我多吃一点，说艾酒能驱除体内的湿毒，防邪气入侵。她还说白蛇传里的许仙就是中了法海的计，误将黄酒给了白娘子喝了，才让白蛇精现了形，出了大事，害苦了一家子的幸福。母亲说得神乎其神，就是要我多喝点艾酒，壮壮身子，驱除身上的湿气。其实，我迫不及待想吃那肉馅粽子，毕竟有海味的粽子一直是我喜欢的。

过完了端午节，我要回工厂上班。母亲照例把一大袋的粽子让我带到厂里去，嘱我一定要与同事们分享。她还说：“工厂里还有很多的同事未能回家过节，有的是外省的民工，他们为了生计而奔波忙碌。把粽子带过去，让他们也尝尝，也有点过节的味道。没吃上粽子，怎能算是过节呢？”母亲说的话也很在理，其实我心里也是这么想的。说罢，我与母亲辞别，回头再看家时，发现母亲依然在门口站着，还在向我招手。那一瞬间，我泪眼有点模糊。

对冲芝麻糊

——芝麻糊香添新意

说起这个名字，有点摸不着头脑，芝麻糊对冲（冲，读第二声），是什么玩意儿？有人说是芝麻糊的创新味道！

20 世纪 80 年代初期，思想解放，新经济兴起，邻居的小伙子传承了他家的手艺，做起芝麻糊个体小买卖来。每天晚上，他挑着小挑担，沿街叫卖“对冲芝麻糊，又香又甜……”。听他这么叫，过来一问，才知道是红绿豆子兑入芝麻糊里去。我不明白他为什么会如此炮制。冲着新奇，我就向邻居的要了一碗，吃着吃着，感觉芝麻糊的滑与豆子的粉香碰撞到一处，甜香中带粉，粉中又有滑，还真有点新意思，不由得为这小子的创意叫好！

芝麻糊是我国南方的经典小吃，历史悠久，百姓喜欢。芝麻糊有润大肠作用，香味浓郁。家母常做芝麻糊给家人吃。每次吃芝麻糊我就会想起家，想起与家人在一起的日子。过去，通常是暑天，家里会做芝麻糊。小石磨轻轻地推转，孩子们都围在小石磨边，帮家母推磨，有的唱着儿歌，边唱边推。石磨碾出芝麻与大米混合的浆液流进一个盆子里，已感觉几分风味了，热切期待品尝。

家母烧起一口热锅，刷上一层猪油，投下两颗蒜瓣，在油锅中爆几下，制出蒜香味来，就下水和砖糖一起煮开，然后将芝麻米浆缓慢地倒进锅里，一边慢慢地搅拌，芝麻米浆最后就成了糊状才舀起来。几个小子闻到芝麻糊的香气就冲进屋里来，嚷着要吃芝麻糊，一副猴急的样子。一碗下来才感觉有点味道，接着第二碗，还想来第三碗时，盆子里早已空空的了，只

对冲芝麻糊

好将舌尖一个劲地伸到碗里去，把碗舔个干净。家母见到孩子们这么喜欢吃她做的芝麻糊，说改天再做，让大家吃个饱。

家里做的芝麻糊好吃，从小到大舌尖已固化了家中那口铁锅煮出来的味道。记得有一次到江城办事，蹲在河堤小吃店里吃杏仁芝麻糊，印象也很深刻，也觉得很香，可就是没有家里煮制的味道好，毕竟那是出自母亲之手，是家的味道。

芝麻糊对冲红绿豆，孩提时候不曾吃过；新时代才有了这般新做法、新风味。新生代们喜欢搞点新意思，总觉得什么都要有点咀嚼才好。说是口感的需要，倒不如说是思想的需要！创新是这个时代的命题，每个人都会从各自领域中寻找方式方法去应试，交上答卷。

对冲芝麻糊最先是沿街小担挑起叫卖，不到一年，大小糖水铺就流行开来了，食客越来越多，尤以年轻人居多，最后成为保留下来的品种。事物存在就有其一定的合理性，对冲芝麻糊也一样。只要人们需要，舌尖上颠覆一下传统，是可以理解和接受的。

手工制作芝麻糊

豆沙

——不尽忘记犹可品

不管哪一个地方,豆沙的味道大抵都一样,而每个人对味道不同的感受,差异多在于心中那一份感情。

闸坡帮记小食店，始建于 1986 年，那时夜生活刚刚兴起。每天晚上，年轻人喜欢到这家小食店来坐一坐，畅聊思想，品尝乡味，是当时最亮丽的生活画面。

帮记小食店面积不大，很像邻居小屋的样子。几张低矮的台子，还有弥漫于空气中那香喷喷的味道，吸引一拨又一拨的年轻人过来消夜。帮记小食店虽然很一般，却有家的感觉，只要坐到那里去，就不会离开；不像如今的小食店，洋味十足，却总与心中那一份乡情搭不上调来。

我常到帮记小食店来吃豆沙，那味道至今没有忘记。四十年过去了，重临帮记小吃店，欲想寻回往日的风味。帮记老板却告诉我，好多年不卖豆沙了，如今只卖鸡饭。我心中难免可惜。帮记不卖豆沙的原因我也不便深入细问，只好要了一碗鸡饭吃了起来。

尽管我品尝不到豆沙，眼前这小食店依然是过去的模样，几张小桌子，还有熟悉且热情的服务员，令我对昨天无不回味。

帮记老板姓冯，名帮，原是造船厂的工人，曾当过一家乡企的厂长。企业倒闭之后，冯帮为了解决家人就业问题，开了这一间“帮记小食店”，经营鸡饭、豆沙、卤味。冯帮头脑灵活，聪明伶俐，小食店经营不久，他就拿出几样招牌小吃，吸引许多食客光顾小店，生意做得日夜都兴旺。

三十年前的一天夜里我找到帮记小食店来寻美食，靠门边的一张桌子坐下来。服务员过来给我介绍小食店的特色小吃——豆沙。我相信它会有

豆沙

不一般的味道。服务员很快就端来一个描着青花的小瓷盅，装满一盅似膏如羹的豆沙，上面泛着薄薄的一层油脂，轻轻地放在我的面前。我拿起小汤匙，从豆沙表面轻轻地耕过，翻卷起来的豆沙如冰激凌的样子，送入口里去时，感觉甜、润、香，还夹着几分滑，打动了我的食欲。这是帮记豆沙给我深刻的印象。自此，我经常光顾帮记小吃店，总是来吃豆沙。

我很感兴趣这里的豆沙。冯帮对我说："黄豆泡软，外衣褪去留仁，几番水洗，豆仁尽显，就进入精细蒸煮程序了。蒸完后，用擀面杖将豆仁碾成豆蓉，再过滤成为酱状，混合猪油、砂糖置于大锅中，用大火蒸制数小时。当豆蓉充分吸收猪油的芳香和砂糖的甜味之后，就起锅再次搅拌均匀，分装到每个瓷盅里去，添上一块'网仔油'(猪网油)，重置到蒸锅里文火温养起来，豆沙再次深化细嫩，更加滋润。"帮记的豆沙好吃，我想在于他对每一个环节都愿意花时间，品质做到更好。

回到今天，冯帮向我揭开他不再做豆沙的秘密。20 世纪 80 年代小吃不似当下利润这般疯狂，经营者守道精神让生意变得规矩，剔除所有成本之后，又不轻易降低品质追求利润，只好不卖豆沙了。虽然大豆价格几十年来时高时低，既然放下了，就不再重新拾起，只要把鸡饭经营好，做出精品，也能成就一番业绩。多年来，帮记坚持以质量为本，信誉第一，认真地做鸡饭，风味做得非常好，在阳江甚至珠三角地区都很出名，已成为网红美食，游客特别喜欢。

豆沙本是传统小吃，总有人喜欢，也有人经营。眼下，闸坡镇卖豆沙的糖水铺已有多家，豆沙的品质做得也很好。新品种很有创意，流质中保留了一丁点的豆瓣，甜润绵滑中有咀嚼，满口豆香。这是区别传统做法的新豆沙，富有时代特色，年轻人就是喜欢。

豆腐花

——如花似玉称柔品

至今还记得小时候吃豆腐花的情景。只要是夏天，又是傍晚，大伙在小巷子里乘凉，准能听到“豆腐花，卖豆腐花啰！”的吆喝声，远远看到二叔挑着一副担子，款款地朝我们这边走过来。二叔知道，只要小巷子里乘凉的人多，豆腐花准会好卖！二叔是本地人，靠手艺养家糊口，他最拿手的手艺是做冰花糕和豆腐花。

二叔的担子一头是大半桶的豆腐花，桶口处一块木盖子压得严实，上面还覆盖了一块白布，不管挑担走多晚，豆腐花还是温热的；而另一头的木桶装着半桶的清水，泡着十余个瓷碗，桶边还挂着一个小筒子，盛满糖浆，另一边绑着一条竹竿，挂起一盏风灯，买卖做到深夜。

有人叫买豆腐花时，二叔就将担子搁到那人的跟前。二叔先对顾客来一句礼貌语，就揭开桶盖，让顾客看清他豆腐花的模样，收下顾客递过来一毛钱，就拿起用海螺壳做成的汤勺，从桶子里的豆腐花上轻轻地蹚过去，舀起一块豆腐花泻到小碗中去，接着从小筒子里抽出一汤匙的糖浆，往豆腐花上面写下几个圆圆，就交给顾客品赏了。二叔在顾客品尝他的豆腐花时，眉飞色舞地讲述他如何制作豆腐花，谈到关键之处，他就绕道了。顾客能理解二叔，点到为止。生意毕竟得讲究点商业秘密，不该外露的就得打住。但顾客又总被二叔的豆腐花和他的故事吸引着，再来第二碗豆腐花才肯罢休。

闸坡渔港顺岸堤码头每到夜晚也很热闹，摆满了小吃摊档。渔民上岸下船，来来往往，借码头歇歇脚，坐进摊档里，尝点好吃的。二叔也常到

豆腐花

这里卖他的豆腐花。渔民知道二叔来了，都凑上来买他的豆腐花吃，一大桶的豆腐花很快就卖光了。渔民喜欢二叔的豆腐花，那“似是有物又无物”的感觉，浓浓的豆香，滑滑的口感，从咽喉滑向肠胃里去，让人好生爽快！

我一直喜欢二叔的豆腐花，喜欢它冰清玉质。品着二叔的豆腐花，我就若有所思：中国人的豆腐是可以列入第五个发明的。豆腐花是豆腐生产工艺派生出来的艺术品。你想一想，有哪一种食品像豆腐花这样，受到国人喜欢，千多年以来不失拥宠？又有哪一种美食能广泛影响到每一个中国人？中国人一直在豆腐花的浸润下成长，性格柔美。豆腐花让中国人柔情万种，纯洁朴素，规矩自持！豆腐花是固态豆浆，似“花”一样美丽，有着东方文化的特质。

豆腐花一半可以欣赏、一半满足于身体营养需要。欣赏和品味总相伴每一个人的一生。那记忆总从乡间一角的小作坊开始，听着熟悉的吆喝声，感受着一股味道，慢慢地生起浓浓的乡情。不管人生走到何处，家乡的味道一直留在舌尖上，思念也不时萌动于心里。

凉 粉

——穿走于小巷的美食

凉粉，广东之外地区多指用绿豆或其他淀粉做成的凉拌小吃或菜肴。而另一种凉粉是用凉粉草熬制而成，兑入淀粉而凝结的凉粉冻。后者广东地区多见。

凉粉草，又名仙草、仙人冻，亚热带植物，含齐墩果酸槲皮素、水解葡萄糖、鼠李糖等多糖及果胶。凉粉清润甘甜，性甘凉，有清热利湿，凉血功效，可治疗中暑、消渴、高血压、肌肉关节疼痛等症，是炎夏清凉保健食品。

过去，常见担货郎头戴着草帽，身前挂着一块肚兜，挑着一担凉粉走街过巷地叫卖。那副担子的前一头是个箩筐，箩筐上面铺了一块板子，板子上面堆放一大坨的凉粉冻，盖着一块洁布；后面是一个水桶，盛着半桶的清水，用来清洗碗具。向担货郎递过五分钱，他就往水桶里捞起一个净碗，右手挥起一块锌板，朝板子上那坨凉粉冻割下一小块，横竖几下，就分出若干小方块来，再用锌板往木板子上一抹，那凉粉冻就落到碗中，再从盛满糖浆的小盅里，掏出一汤匙的糖浆，对着碗中的凉粉，从低往高处拉起，又从高处往低处沉下来，糖浆就流落在凉粉冻上面，接着划上一个圆，便将一碗凉粉递给顾客。顾客接过凉粉，就把嘴巴贴到碗边，顺时针方向拧了一下，半碗的凉粉就吞进肚子里去。这道风景虽然是小时候的经历，却留存在脑海里，至今都没有忘记。

凉粉

凉粉草

黑如墨汁、凝如琼脂的凉粉冻，有一股清凉润滑的感觉，送入口腔里，淡淡的草香及甜甜的味道，能使精神舒爽。最是夏日炎炎似火烧，船坞里闷热，渔民、造船工人最想吃上一碗凉粉冻，解暑消渴。担货郎知道这里有需求，总喜欢到那里去，一担凉粉，很快被渔民和工人吃个精干，担货郎乐得合不拢嘴。

小时候，外婆经常在夏天熬制凉粉草汤给我吃。我问外婆为什么不做成凉粉冻？她说凉粉冻没汤效果好。其实，外婆吝啬的是几两大米。而我最喜欢是凉粉冻。多次与外婆较劲，不吃她做的凉粉草汤之后，外婆就妥协了，熬制凉粉草汤时，抓了一把大米放了进去。但又因为大米分量不足，凉粉草汤成了半流质的凉粉，外婆说这是最好的凉粉了。可我心里还是想着凉粉冻好吃。酷暑当道，外婆强制我要吞下她的凉粉草汤，妥协的结果是给我加了三分之一汤匙的白砂糖。多次与外婆较劲，不吃她的凉粉草汤时，外婆就做了一次凉粉冻给我吃。那天，外婆把我叫到跟前，说："今天就做一次凉粉给你吃。大暑天的，见你天天在外晒日头，身上都长满了痱子，有多湿热！凉粉草水你是不吃的，只好做凉粉给你吃了。这下高兴吧？"我连连说好。就这样，我跟着外婆身边，看她做凉粉。

其实凉粉冻制作不复杂：外婆将凉粉草放进一个大砂锅里熬出浓浆后过滤，调入适量的米浆再熬一下，接着从锅中舀起，过滤到一个陶盆里静置散热，不久就凝结成凉粉冻了。后来我知道，凉粉草里的果胶，如海藻琼脂一样，容易凝结固化，有的人不用米浆，用红豆或者薏苡仁兑入凉粉草中一并熬制，冷却之后也能凝结，口感也不错！

外婆这次制作的凉粉，爽滑清润，有着浓浓的凉粉草味。对比之下，外婆以前做的流质凉粉是另一种口感，其实也不错，制作还简单省事。时光过去几十年了，外婆当年做的那非汤非冻的流质凉粉，在当下竟成为高级的饮料，很受年轻人欢迎。年轻人就是喜欢标新立异，把那非汤非冻的凉粉装进小瓶子里去，放进冰箱里冰镇一下，插上吸管，慢慢地品尝，炎夏里不失为清凉的享受！

米砂

——营养暖心的午餐

这道小吃已渐渐地从人们食谱中消失，不大为人们记起。而作为一种味道，我不得不说说它。

米砂是一道风味独特，为特殊人群服务的美食。说起米砂，其实是炒米粉煮成的甜味糊。当炒米粉吸收了水分膨胀成糊时，粉粒就状如砂子，故称米砂。

米砂最适合产后妇女食用，可增强体质，补充热量。经济困难、食品短缺时期，农村或渔港小镇的产妇大多数靠民间食谱补充营养，增强体能的。炒米性温驱寒、健脾暖胃。产后妇女一般流血过多，体质虚弱，寒气容易侵袭体内，形成寒疾。炒米不但能温体驱寒，还能果腹，很适合产后妇女食用。因此，米砂也就成了那个时期产妇首选的食品。

在食品营养匮乏的时候，米砂不失为产妇补充营养热量的美食。当今营养充足，甚至过剩，一般人不会吃米砂，可当营养不良时，补充一下能量还是可以的。米砂食后容易泛酸，胃酸过多的人就不宜吃了。

那个时候，家中有产孕妇待产，家人就为她准备好了炒米粉，这是 20 世纪 60 年代以前大多数家庭的做法。大米下锅炒起变得金黄色，且有焦香感，就将之研磨成粉末，用陶器盛起，置阴凉处放数个月，让炒米粉慢慢释放过多的热量，使之食性趋于平和，不过于燥热，只待孕妇生产时，它就是产妇坐月子的辅食了。

带面条的米砂

炒米粉与红糖煮起，米粉就有了甜味，还有红糖的营养，炒米粉的焦香被很好地发挥出来。一口米砂，绵烂中很有质感，在舌尖上走过，就留下焦香与甘甜。其实米砂最吸引人的是它似糊似沙的口感，还能饱腹。但在闸坡家庭产妇的品味中，还用面条混搭煮起，口感就更觉奇妙。

米砂煮起来很简单：锅中置冷水与红糖煮开；先下适量面条煮熟，再下炒米粉（炒米粉先用冷水调开），用筷子不停搅拌，使之均匀受热。当炒米粉渐渐成了糊状，粉粒变大且软熟了，即可出锅。炒米粉的颗粒吸收了水分膨胀变得黏稠起砂状，红糖使米糊颜色变得更引诱食欲，面条在砂质感中增加了一分爽滑，多种性状共同表达，就有了米砂的绵润焦甜还爽滑的风味。

米砂本是产妇坐月子的辅食。经济困难时期，一般家庭少有午餐，产妇午饭就吃米砂；月子坐完，米砂也就吃完了。小时候常有饥饿感，有时借产妇午饭时机，分享一丁点，感受米砂的奇妙口感，才留下了这份记忆！

然而，我以为，米砂虽然于当下膳食已是过时之食，但米砂的食性及其某种口感还可以研究开发。比如利用米砂温热驱寒的特性，通过某种搭配改良，让它为一般人接受，甚至达到保健的效果。再是米砂似砂又不是砂的质感很有冲击力，在利用其质感上开发品相诱人、风味独特的美食不是没有可能,甚至成为地方美食一大创新。我只是期待这一想法能得以实现。

白麻叶馍

——最是野香可酿糍

乡民喜欢用鸡矢藤、东风橘叶、艾叶、簕菜叶等做小吃。这些植物都有芳香的气味，还有药用价值和食用价值，用在膳食上，既能驱除人体寒热湿气，又能解解嘴馋。白麻叶，就是乡民经常用来制作小吃的材料。

白麻多生长在山边，或田界之处。它的叶子正面深绿色，背面是白色，叶边缘有锯齿状，闻之略感清香。据药典记载，白麻叶有清火、平肝、降压、强心、利尿的功效，对治疗心脏病、高血压、神经衰弱、肝炎腹胀、肾炎浮肿都有效果。乡民用它制作小吃，喜欢它的香气和保健。

立春之后，海陵岛时有薄雾，空气温润，白麻的长势旺盛，绿叶繁茂。此时，人体的湿气也很重，时有困乏的感觉，需要除湿保健。这真是大自然恩赐与人的需要契合到一块。人们需要什么，上天就给什么。人类应当感恩大自然！

妇女们借得一天闲暇，结伴到山上采摘白麻叶，只个把小时，就可摘到一大捆的白麻枝，把叶子摘下，用清水洗净叶面的尘土和杂质，放进锅中煮开软化捞起，将叶子剁成棉絮状，与糖一起下锅烹煮。当叶子绵烂成浓浓的汤汁时，添入少量糯米粉煮成熟粉，合并白麻叶渣出锅，这熟粉就是“粉胚”了。粉胚不断添入生糯米粉，搓揉成可以拿捏造形的粉团，即可包馅。馅料多用椰子丝、炒花生、五花肉、白砂糖。坯子做好后，垫上波萝蜜树叶或芭蕉叶，下锅隔水蒸 20 分钟成熟。

白麻叶馍

白麻叶

手工包白麻叶馍

有人问，为什么不取白麻叶汁混粉，而直接用白麻叶渣混粉？妇女们告诉我，使用白麻叶渣比用汁混粉的质感更强，色彩更饱和好看，能增加白麻叶馍的纤维性，富有韧性又弹牙，口感风味特别好。

一口香甜的白麻叶馍，既柔韧又软糯，馅料中的花生仁与五花肉夹着白糖，既咸又甜，搭上白麻的清香，都留在牙齿间咀嚼、舌尖上回味，令食欲无法停下来。有人说，白麻叶馍真的比贺节叶贴、五月艾馍好吃得多。我很同意这个评价的，但需要强调的是，采摘白麻叶得认准物性，别把相似的植物叶子也作白麻叶用了，否则会生出挺大的麻烦来，可要谨记啊！

艾馍

——传统风味潮文化

深春时节，风清水润，农田里长出一种对生叶子、顶端开着小白花的小草，农民称其田艾。田艾被称为神仙草，不但可入药，还能作膳食。遇上粮荒，或人体容易犯邪犯困之时，农家就采摘田艾和大米一起研磨，做成米糊充饥或食疗，驱除体内湿邪。由此我想到，田艾是一种天然美食，对人体健康非常有利，感悟大自然对人类照顾可谓无微不至了，适当的时候，给你最适宜的食材。如今农业耕作实现现代化，粮食丰收，人们吃田艾已不再是为了充饥，用它只作为食品的天然添加剂，增加美食风味，或作食疗提高人们的生活品位和健康水平。

田艾又称白头翁，《食物本草》介绍它有祛湿、暖胃、清肠等功效。田艾做馍，有野草的清香，口感甜而不腻。当下人们易犯高血脂，对健康产生不良的影响，吃一点田艾，清理体内的油脂和湿气，便是最好的食疗。因此，艾馍受人们重视，不论是家中小聚或是宴请，做东的都会安排一份艾馍招待来客。

有一次，我见到居住乡下的同事，到村旁采了一把鸡矢藤，一大扎的田艾回家，说他姐要做艾馍仔吃。同事说他姐最近身体有点湿气，要吃点田艾。我原以为是艾馍，同事说是艾馍仔，多了个“仔”字就是糊状的小吃了。我的兴趣来了，就跟同事回家，见识一下他姐是怎么做艾馍仔的。

阿姐是一个热情的人，见我到来，就做艾馍仔我看。阿姐取出一个陶质的砂盆，说是研磨工具。只见盆内刻下密密麻麻的沟槽，相互交叉，也很

有规则。阿姐对我说:“田艾和鸡矢藤、大米就放到这个盆子里研磨成浆。”接着,阿姐在砂盆里放下一小碗泡好的大米,手中拿着一条木杵,按顺时针方向在砂盆里旋转擦动,大米渐渐地变烂了。阿姐对我说:“她手上转动的木杵,阳江人叫它‘擂浆棍’,相当于舂米的木杵,只是它转动着将大米压到砂盆内密密麻麻的沟槽里擦动,使大米粉碎变成米浆。”阿姐说,这个工具是她祖母留下来的。用这个砂盆研浆,就图省事,但用起来要熟练才行,木杵转动的角度不对,效果就不理想。说罢,阿姐把田艾、鸡矢藤投进砂盆里,与大米一起研磨开来。不一会,那米浆也就做好了。阿姐说,这是做艾馍仔的第一步。接下来阿姐把米浆放进热锅里,用锅产不停地翻动,米浆受热挥发了水分,变得黏稠,有的结成了粉团。阿姐就把这些粉团装起,在锅中下了一点水,下了三块红糖就煮开来,接着把刚才炒好的粉团倒进糖水里,一会儿就成了比较黏稠又有一点结团的馍子了。阿姐对我说:“这东西可好了,好吃又能祛湿,你也来一碗如何?”我接过阿姐递过来的艾馍仔,品了一口,那田艾和鸡矢藤的味道很浓,有一股野草香,甜甜的,口感糯糯的。

像阿姐这样做艾馍仔的已不多见了,乡民更喜欢如叶贴一样的艾馍,就是贪它口感好,有嚼劲。每年春分或秋分赋闲时节,乡民就到田里采田艾搓粉做艾馍吃。采得若干田艾,用水清洗干净,捣烂取汁加入白糖下锅中烧开,下少量糯米粉合锅煮熟舀起,糅入生糯米粉搓揉成面团,截下挤子采成窝状,包入花生和椰丝、白糖等馅料封口,用波罗蜜树叶作垫层下锅,大火蒸起 25 分钟即可出锅品尝了。也有人用猪肉、花生、白糖做馅,做成馅咸皮甜的艾馍,不管哪一种风味,它都有浓浓的艾草香,品尝一个艾馍,仿如吃了一顿药膳,却又比普通的药膳好吃得多。

艾馍已成为当下人们喜欢的小吃。围绕田艾材料做的美食,品种越来越多,比如青团、艾糊、艾甜卷等,品种层出不穷,形式多种多样,风味各领风骚,作品十分亮眼。用田艾做美食、演技艺等活动已成为城市乡村的潮文化,越来越多热情的目光,投向这场美食创新大潮。

蒸熟的艾馍

田艾

五月艾

二叔冰花糕

——冰花暄软忆旧时

冰花二字是形容大米松糕冰清质洁及清新口感的词语。闸坡的大米松糕能称得上冰花糕的，唯二叔出品配得上。丰富的竖形纹理，透明的质感，深压更加反弹的性状，已将二叔的冰花糕描述得准确生动逼真了。品尝二叔的冰花糕，有一股冰凉甘甜的感觉，还入口弹牙，让人陶醉。

二叔使用的大米黏性较强，粘连蛋白使糕体暄软柔韧。这种大米磨出的米浆细滑，更好地还原它的本色与气味。二叔独家秘制的配方，不一样的发酵程式与手法，使每一块冰花糕都有类似于美酒的芳香与甘醇。每想起二叔的冰花糕，不由自主地想起他卖冰花糕的样子。

二叔卖冰花糕很特别。他将一块冰花糕覆盖在一个面积很大的簸箕上，头顶着这个簸箕，右肩挂着一个马扎，沿街叫卖。只要有人打招呼，二叔就走到那人的跟前，肩上的马扎很轻松地释放到地面上来，其后熟练地将冰花糕从头顶上撤下来，摆放到马扎上，接着从一大块的冰花糕划出一小块，夹进一张白纸包起，送到顾客的手上，一连串的动作已是很熟练的程式，十分的利索。我常把二叔卖冰花糕的举止作为行为艺术来欣赏，复制到脑海里，收藏在心中。

平日无聊之时，偶尔听到“冰花糕……”熟悉且深情的声音，便知道是二叔沿街兜售他的杰作了。我无聊挥之不去，只好倒屣迎接二叔的到来，被他的冰花糕惹出的嘴馋就期待那一口来制服！口袋里的零钱悉数交给了二叔，却引得一班馋猫乘机抢到了便宜，分享二叔的杰作。

冰花糕

人们不但喜欢二叔的冰花糕，还敬重他一辈子坚守着小吃手艺，为乡民奉献美食。二叔家境不很好，一家子几口人在他的带领下做小吃，维持生计糊口。虽然家庭收入没有很大的提高，但勤劳正直使二叔一家能够挺胸抬头地生活。这就足够了。二叔每天做几种小吃，家人每天中午到深夜不停地劳作，但从来不以降低产品质量求利益。就是这种认真使二叔的小吃自始至终保持高品质，为人们称道喜欢，二叔的家庭收入才有了保障，他家也成为闸坡小吃的老作坊。

时光慢慢地溜走，许多的事也在改变。从 20 世纪 90 年代起，二叔家没有再做小吃，一个专业做小吃的老作坊也就谢幕于经济发展大潮之中，但二叔冰花糕的味道却不被岁月抹去。虽然二叔已作古多年了，甚至连同他的冰花糕也淡出了人们的舌尖，而记忆中的甜美不曾消失，想起往日的情景，舌尖依然咂嘴无数次。

当下一些酒店从外面购进白发糕应付顾客，以为能回味往日二叔冰花糕的味道，而我品尝起来，它与二叔的制作不在一个档次上。我为此而感到可惜！真切地盼望能有一天，重新品尝到二叔家独门技术制作的冰花糕，那将是一件从舌尖甜到内心的事儿。

炊笼

——虔诚酿得新年味

小时候过新年，总会吃到母亲做的炊笼。长大后，才知道家里不富裕，唯有做这种小吃可省钱、还讨吉意。

电视上看到浙江或安徽地区的一些农家做年糕，是用糯米先蒸成饭，再放到石臼里捣成粉团，接着搓成小段或小块便成，有的盖上一个红图章，加强一下喜庆色彩，有的地方还将年糕做成菜。

闸坡乡民称年糕作“炊笼”，做法与其他地方不大一样。糯米泡过后，在石磨上碾出米浆，生熟浆混合，拌入糖浆调成糊状，一次性倒进笼屉里去，经过数个小时蒸制而成“大馍”(重要食品)。本土的年糕入口香甜，有嚼劲，但蒸制耗时较长，流程诸多规矩，这些规矩成为地方风俗。

为什么闸坡乡民称年糕作“炊笼”？又为什么在制作炊笼时有沐手焚香、刀压锅盖等诸多规矩？

百度里查找“炊笼”一词，找不到小吃的相关信息。如“笼”，作为一种炊具却是普遍使用。闸坡乡民制作其他糕点，不大使用特制的笼屉，唯独制作年糕才使用。这说明乡民对年糕有着不一般的态度，除了要求品质之外，还得讲究一定的形制。作为一种应节美食，它具有代表性，也存在重大意义。

使用某一种范具制作出来的小吃，并以其特征命名的不是没有，民间也很常见。比如：用小陶盆制作的松糕称作“钵仔糕”，用树叶作垫层的小吃称作“叶贴”，不胜枚举。可见炊笼是与炊具有关的，而重要的是“笼”与“隆”同音，寓意家运兴隆，幸福绵长。

炊笼

制作炊笼

煮炊笼锅盖上压大刀

煮熟炊笼后的喜悦之情

乡民认为，炊笼是贺年的“大馍”，制作时要多加小心，保证成功。习俗约定：蒸制炊笼必须持续三年（次），如果中途间断，则不吉利；炊笼蒸制过程中，操作的人要洗手焚香，并以三炷香接续烧结为炊笼成熟的标准时间；再是蒸制炊笼时，锅盖上面得压上一把大刀；如果炊笼一旦出现了烧焦或者夹生情况，要将它投到水里去。一旦发生这类事情，未来几年就不能再制作炊笼了……

炊笼制作顺利完成，当然是一件大好事，全家都高兴，开开心心过新年。这看似有点封建迷信的色彩，但细想也不完全是：穷人家蒸制炊笼，本已花钱费力，蒸制反而不成功，不仅浪费了柴米，还浪费了时间与金钱，搞得一家人没好吃的过新年，若重新操弄，也不大现实。因此，一开始就得小心谨慎对待。沐手焚香，是要求人们保持一种严肃认真虔诚的态度，对待炊笼的制作。除此之外，焚香还可用作计时，确保炊笼蒸制所需要的时间，保证“大馍”成熟，不夹生或烧焦；刀压锅盖是为了加强锅盖的压力，使锅内蒸气更加凝聚充分，保持强劲的热效态势，加快炊笼熟化，还讨得个利好意头；三年连续制作的约定无非取“兴隆不断”之意。一般而言，三年经验积累，已掌握了“大馍”的蒸制流程和方法，丰富的经验才能避免出错。至于烧焦或是夹生的炊笼要投入水中去，是为了给失落的心理找到一种补偿，寄意财富如笼入水。随着时间的推移，这些制作的方法程式及对劣品的处理方式，渐渐被接纳下来，演变成风俗。

最好品质的炊笼，呈现半透明琥珀颜色。当热气散尽，糕体固化，才从笼屉里取下来贺年和品尝。过年时，炊笼作为祭祀的点心是不能缺的，祖先堂上的供品，炊笼最是亮眼。过了一段日子，炊笼已经硬化，分块切下，贴到油锅煎起，糕质受热软糯，回香甘甜，最是好吃。过年的炊笼一般放置到正月十五或更长一点时间也不会发霉，而且风味越来越好，不失为节后最可品尝的小吃。

豆仔馍

——平凡未必不经典

乡民品尝过许许多多的美食小吃，但在关键的节庆点上，无法摆脱豆仔馍作为应节标志性食品。只要家人制作豆仔馍，可以肯定又快过节了。说它重要，不是它的品质如何好，或味道如何经典，重要的是它为解释渔民对甜美生活渴求，找到真切的物质依托。

红豆或绿豆与米浆混合一起蒸成的甜味糕点，称为“豆仔馍”。每遇到节庆日，渔民都会做豆仔馍贺节，唯此才是在真诚表达对节日的祝贺。豆仔馍品实甜香，制作简单，成本不高，渔民很喜欢。

塞万提斯在《堂吉诃德》中有一句名言：“天底下顶好的调味品就是饥饿。”我以为渔民苦海中奋斗，对甜味的渴求，是一种生理饥饿的表现，由此而无时无处不寻找补偿。

生活的苦况反映到心理上，着迷甜味并有所依赖，就很能理解渔民追求幸福生活的热切期盼，吃上一点香甜，表达一种需求而有所反应，是很自然的事情。而这种反应成为习惯，就是找到一种代替来表现出来。这一代替就是美食豆仔馍了。但禁不住问，焉何会选择它？

海上生活不比陆地，生活的某些需求不为环境条件允许。甜美又高大上的美食制作，于船家局蹐的生活环境是做不到的。唯豆仔馍蒸制操作方便，省时又省事。只要将大米磨成米浆，把红豆或绿豆熬制得软熟，二者兑到一块，加上糖，就有了甜美的豆仔馍了，它能解决生理饥饿，甜到心里去。米香、豆香、甜润，且有嚼头，是豆仔馍最大的特色，制作成本极低，

豆仔馍

操作十分方便，因而受到渔民的喜欢。

蒸制豆仔馍无需复杂的程式：一口普通的铁锅，陶盆、铝盆、铜盆、瓷碟等容器都可以作范。将锅中的水烧开，将容器隔水放下，倒下第一层米豆混合浆蒸起，约 10 分钟后，再添第二层，如此这般添至满意的厚度为止，再续大火蒸制 20 分钟即可出锅。分层浇铸蒸制的豆仔馍，厚薄均匀，富有层次感，结实中不失软绵，一口咬下去，清甜又豆香。若将豆仔馍放进油锅里煸一下，就更加甜香可口。

前面说过，渔民不论过哪一个节庆，都做豆仔馍贺节，唯此风味最易制作，犹可品尝。深奥的技术与技巧不必纠缠，若论大海中的求生，没有谁比渔民更内行，更有智慧，更显豪气！

豆仔馍，甜甜的，香香的，简简单单的制作，是渔民最理想的品味，唯此味道不但深入到渔民舌尖的每一细胞里去，更深入到他们的审美意识里。若要找一种最深刻表现渔民对朴素简约生活不离不弃的小吃，我想豆仔馍能代表渔民心中企盼的那一点甘甜。

发糕

——求得暄软为感恩

乡民称大米松糕作“发糕”，有的地方称“蒸糕”。当满蒸笼发糕出锅，热气腾腾，黄澄澄，油润润，弹性十足地呈现在眼前，就很有富足感，很想上前吃上一口。发糕真的很诱人！

手指往发糕上轻轻按一按，如海绵；切一块送入口里去，米香与酵母混合的味道已是从小到大熟悉的，犹如母乳。但我对发糕的认识感受不止于它的形态与味道，更多与精神世界联系在一起。

酒店里售卖的发糕多叫“松糕”，强调暄软的口感。而乡民总是称“发糕”，回避了“松”字。财富是不能放松的。发糕飨献于祖先与神，寓意祝福发财发达，步步高升。一种小吃在岁月的演变中，从舌尖走进了人们思想意识的深处，深深地烙上传统习俗的印记。

所以发糕最合适用来祭祖，这是清明节约定俗成的。不论家境如何，乡民拜山祭祖的供品不能缺少发糕，家家户户蒸发糕已成为海陵闸坡乃至阳江整个地区乡民清明节庆活动的重要组成部分。各种范具制作的发糕隆重登场，满大街的叫卖，已成为节庆街头的一大景观。

而乡民更多的是自己动手制作发糕，这似乎更符合祭祖的要求，犹此显得虔诚。清明节前一天，家里的小石磨就推转起来，碾制米浆。这是蒸发糕的第一道工序。当取完米浆之后，就用酵母、小苏打、红糖来醒发，最后用铝盆子装起，放置到锅中大火蒸煮。大木柴在炉膛里燃起熊熊的烈火，

发糕配好茶

生发的蒸气弥漫于整座屋子，渲染着一个感恩的传统节日。米浆被强劲的蒸气醒起如小山爆发，还裂开一个大口子。家人笑了，如此隆重，合当往后日子会红红火火，财源广进，丰衣足食。发糕软绵松润，甜香飘溢。没有比这般吉兆更令人满意的了，而口水快要流出来了。可被老人告知，既是虔诚，暂不能妄品。老人们说：“发糕要先敬祖宗，才能尝起，要不就是对祖宗不尊敬，有违孝道。规矩就得如此坚定地遵守。”

行青的那一天，发糕被开切成若干小块，装进三个小瓷碟，恭敬地供奉到祖先们的坟茔前面，还有猪肉、烧鹅、鸭蛋、水果陈列其间。肃穆的时光接受祖先们静静地享受。炷香在坟茔前轻烟飘曳，拜祭的仪式在庄重且有序的情景中结束，小碟子上的发糕就飨献于土地，深深表达对养育生命的土地和祖先们最大的敬意和感恩！

我以为，发糕已牢牢地贴上了祭祖的标签，而作为小吃已属其次了。它在人们的意识里，是家的味道，更是感恩的符号。不管身处何处，每当看到发糕，就不由自主地想起祭祖，想起家乡，回忆深切又深情的时光，保持对家乡不断回望的情怀。

槐花糕

——花随碱甘美舌尖

乡民称槐花糕作“灰糍”，它与添加食用碱有关。过去，乡下人做小吃使用老石灰水或豆叶灰水过滤制作食用碱水，降低食材的酸性，使小吃变得清新爽口。槐花糕添加食用碱水，能把槐花的清香特质更好地表达出来，风味更接近春天的气息，还原槐花的色彩。

槐花在每年的四月开花,成串如雪,散发浓浓的花香。槐花开放的日子，能品尝槐花糕，给人无限的美感，充满了诗情画意。

古人将摘下的槐花舂成泥，挤出槐花水，兑入蜂蜜和食用碱制作槐花糕。乡民用糯米浆搅拌融合槐花汁和食用碱后下锅，大火蒸煮，就成了槐花糕。渔港小镇没有槐花树，槐花多是从中药房里买回来的干槐花，熬出槐花浓液，添加到糯米浆里去。糯米浆熟化还原软糯柔韧的质感。但糯米过于粘连，只好加入食用碱和一定的大米来改良它的口感，变得清爽。

槐花糕早已是闸坡茶市或小摊档最常见的小吃。夏天酷暑，烈日当空，槐花糕便可解暑。渔港码头或街道小巷，总能见到几副小吃挑担转轴般的兜售槐花糕。穿越于小巷的吆喝声与槐花糕一样古老，那长长的语调，或戛然而止的叫卖，能让人感觉到那槐花糕不同的质感，与吆喝声的风格一样，有软糯糍柔、也有清爽润滑、或爽脆弹牙。有人把槐花糕做成蛋羹的样子，一改槐花糕传统外观，用碗盛起，仿如一碗的蛋羹，配上蜂蜜，更觉清爽润滑，免不了多吃几口。

槐花糕

切槐花糕

乡民未必在乎槐花糕的口感，而是因槐花的药膳价值而喜欢槐花糕的。槐花味苦，性微寒，归肝、大肠经，具凉血止血、清肝泻火的功效。现代人饮食总会高蛋白质、高脂肪，血液指标出现异常的人也越来越多。吃一点槐花糕，也有利于健康。

槐花糕的药膳价值自不必说，而我更欣赏在春光明媚的日子里，农家人制作槐花糕的温暖画面：和风惠畅，相思树下，农家小院，花香盈门，庭院一角的小石磨正在轻轻地推转。这是一个立春的时节，农家就准备槐花糕来贺节了。从这一天起，农家就要下地忙碌了。厨房里阳光入户，蒸气缭绕，农家人放下了锄头，安逸地等待享受槐花糕，已在院子里品茗叙话了。说的是家门前的那一片水田，应该准备秧苗了，多种一点水稻，屋后那一块旱地快要点上瓜种，还有那院子旁边的菜地，多插几支竹篱，好让豆苗攀爬，结多几条豆角，还有……

说不尽的农事，道不尽的家计，槐花糕就在热议农情中酿成。品上一口清爽还甘的槐花糕，把花香沁到心里；呷一口香茗，把滋润流向时光。农家人从此将走向田园。

大肚佛

——月下美食也佛味

生活很有趣,有些不经意的小事,会引来会意的一笑。这种内心的高兴,不是因为它于生活有多么重要,而是因为在审美上产生的一点幽默感而笑罢了。

我不知道这道小吃在别的地方会怎么称呼,但我确知道很小的时候无数次品尝过它,年年相伴,又总是在中秋节的那一天。

小吃千千万万,用“佛”字来命名的很少,大肚佛则属于个案了。一道小吃居然以佛的名字称道天下,而且是大肚佛的美名,真的不得了!这看似对佛有点不恭敬,佛是精神信仰,岂能食之?但转念一想,佛旨许福于天下,为民谋利益,给人口福也没有什么不妥。

大肚佛憨态喜笑,了无烦事,给人宽怀慈祥,无所不容的印象,老百姓就是喜欢。生活中,人们对大肚佛的接受远远超过其他神仙的形象。大肚佛本是神仙,为了老百姓的利益,做一回面食小吃,也没有什么大不了的,况且这也是行动布施呢,与其老坐于神庙里不言不语,专等百姓供奉,倒不如走出庙堂与民同乐,共度佳节来得更好更实际一些!

人们喜欢大肚佛的形象,基于它包容天下之难事,笑对困境与苦难,与百姓心心相连,许福于我。这种喜欢,是从精神信仰到达舌尖感受。可见大肚佛深入人心,不断满足人们生活的各种需要。佛意无边,福量也就无边!

明月当空,凉风送爽。这是一年一度的中秋之夜。大肚佛与童心童真此刻相伴一起,共邀明月,共度良宵。明月之下,大肚佛的故事在父母亲

大肚佛

的讲述下，走进团圆的夜晚，走进童真的内心；它的味道也悄然走进了舌尖。记忆把这一切变作永恒，在脑海里不时上演。大肚佛带给每个家庭的快乐，充满了幸福团圆的气氛。

童年最不易忘记是品尝大肚佛。虽然它没有月饼、碎肉小吃的馅料多，选料做工也没那么考究，说白了是一团面粉，只是有点甜，价钱也很便宜，只要花 5 分钱，就可见到大肚佛的尊容；品到它的清香了。奇怪的是，中秋赏月，不管月下美食有多少月饼，有多少碎肉，还有多少佳果，小孩的眼里依然觉得单调贫乏。如果添上一打大肚佛，就立显豪华了。我想，唯有大肚佛才是小孩子赏月最理想的美食；没有小孩喜欢的美食，幸福的夜晚或许缺少了什么。有了大肚佛，感觉很丰富，还丰俭由人，平添几分吉祥宽裕的气象。这正是平民百姓所需求的。

大肚佛是一种烘焙而成的面食小吃，基本材料是面粉、酵母与糖，或掺入少许的猪油，用模具采出大肚佛的模样来，烘焙时表面刷上一层薄薄的蛋糊，增加一点亮色，入口的感觉就与月饼的皮层风味差不多，甜甜的、粉粉的，面香犹浓。赏月的夜晚，小孩子喜欢把大肚佛挂在胸前，做到胸中有佛，天下的美好已在眼前了。这是五十多岁以上年纪的人曾经体验过的兴奋与幸福。这种满足与幸福感一直伴随到老，每每想起，不由自主地开怀大笑，犹感那些日子是多么的有趣与纯真。

然而，我更震惊一个事实，把一个小吃做成所有人都接受的模样，还潜意识进行文化传播，其市场销路会比其他小吃好得多，经济效益也就少不了。无不感叹商家聪明绝顶，小吃做到这个份上，已不是一般的思维，是营销手段与传统小吃结合的最高境界。

时光没有让故事变老，幸福的感受永远存在于内心。大肚佛于今天，依然是中秋的小吃，依然是童年的味道。

狗仔哩(粘)灰

——攞得俗名作乡啖

闸坡有一种小吃,名字叫“狗仔哩(粘)灰”,也有人称“糖泵糍”。“哩”,象声本土语境是黏的意思。说的是小吃的形态像是一个小狗在地上打滚,身上黏满了尘土，其实是小吃的外皮粘满了一层米粉或别的佐料；而糖泵糍的“泵”(阳江话读：爹暗切)，形容软糯无力下垂的样子。两个譬喻道尽这道小吃口感上的独特之处。这真是绝了!

“糖泵糍”这样的小吃，别的地方也有。如阳东乡镇称它“豆糠哩”，外省有称“驴打滚”的，与狗仔哩灰异曲同工。小吃风趣的名字，体现了民间美食文化的民俗性，感受劳动人民的智慧与幽默。

若从外形特征来看，我还是觉得狗仔哩灰生动有趣。虽然各地对它的称谓不同，制作方法却是没有多大差别的。不管是狗仔哩灰、驴打滚、豆糠哩或是糖泵糍，本质上都是糍粑一类的小吃。

糍粑相传产生于战国时期。伍子胥逃到吴国当了吴王的重臣。为了防范和抗击楚国来犯，伍子胥建议吴王在基建相门时，把大批糯米做成砖块筑起城墙，以备战时之用。后来楚国真的围困了吴国都城，官兵将糯米砖挖出来充饥。从此,楚吴一带的民众每到年底就制作当年城砖一样的糍粑，祭奠伍子胥，糍粑由此相传至今，成为南方各地人民群众的美食。

在福建或湖南、贵州等地，糍粑是用蒸熟的糯米加工制作的，而广东阳江地区是使用糯米粉制作的。部分糯米粉糅入糖浆捏成块状，下锅与糖浆煮熟舀起，搓成面团，掐成剂子，摊成面皮，包入花生、芝麻、白糖等

狗仔哩（粘）灰

馅料采收封口如包，在外皮黏上一层干粉或芝麻便可品尝了。其实这道小吃有点像叶贴，只是不使用垫层，不需要二次下锅蒸煮，直接品尝罢了。带芝麻炒花生仁馅的狗仔哩灰软糯且柔韧，馅料中的花生仁和芝麻、白糖与软糯挤到一处，真能给人香甜可口，内心优美的感受。

狗仔哩灰这个名字是由一个闸坡民间小吃手艺人给起的。这个艺人他家的上一代人是以制作兜售小吃为生的，到他这一代，依然是靠卖小吃养家糊口。老艺人为人老实，买卖公平，待人和蔼，他做的小吃风味好，常有意外出品，周围聚起一大帮粉丝，生意做得有声有色。

在闸坡，狗仔哩灰比糖泵糍名字更响亮。只要听到叫卖狗仔哩灰的吆喝，就知道是老师傅卖小吃来了，顾客准会掏钱买他的狗仔哩灰品尝的。老师傅把马扎从肩膀上放下来，立即被顾客围得密不透风。一簸箕的狗仔哩灰很快销售一空。老师傅又赶紧回到家里去，加班加点再做，满足顾客的需要。为了多做一点狗仔哩灰，多赚点家用，老师傅不顾年事已高，搓粉制作，腰腿都痛得发麻，也只得忍着点。生活磨人，年岁易老。老师傅一年比一年体力下行，最终动不了了，只好把担子交给了儿子。儿子有儿子的活法和想法，不愿意接下父亲的手艺，抓住改革开放的机遇，开了一家小餐馆，经营起快餐，不消几年，竟然摆脱了贫困，生活越来越好。老师傅退休之后身体日见消沉，不到几年，便安静地走了。他的手艺也就没有接续下去，犹觉可惜！

南瓜饼

——犹有情素瓜味浓

下乡带回一个南瓜，一爿做饼，一爿做菜。做菜容易，做饼就难住我了。只好上网先了解一下南瓜的特性和种植，别人是怎么做南瓜饼的。

南瓜于明朝传入我国，现已广泛种植。南瓜有多个品种、多种营养素。南瓜里的果胶能调节人体胃内食物的吸收速率，减慢糖类吸收，控制饭后血糖上升 ，果胶还可使胆固醇吸收减少，血胆固醇浓度下降。因此，南瓜很适合“三高”人士食用。难怪当下许多人做南瓜饼吃，花样也越来越多。

南瓜在海陵岛的种植也不少，已是传统栽种了。正当雨水节气，农家就在山地锄土下南瓜秧，七月就可收获；中元节后下秧，十月就可收获 ，一年两造。海陵农户历来多种蜜本南瓜，这种南瓜肉多，色红，甜度高，有香味。过去家中粮食少，常用南瓜“准餐”，吃到已觉腻味。当时缺糖、缺油、缺糯米，乡民极少做南瓜饼吃。如今条件好了，南瓜丰收了，就想做南瓜饼吃，调调口味，慰劳一下自己。

有好几次做南瓜饼我都不得要领，不大成功。南瓜切片蒸熟就下糯米粉糅起，由于水分过多，总搓不结实，只好不断加粉，粉团越搓越大，应了闸坡人一句俚语：“大吃夫娘搓硕（水分过多）粉，越搓越多。”后来减少了南瓜比例，蒸熟的南瓜加糖倒进锅里和糯米粉直接煮开，舀到案板上，再次糅入糯米粉，终于搓成了光滑的面团。

乡间农家做南瓜饼很少包馅，直接把面团搓圆压扁，下锅蒸熟后，再用花生油擦上蒜味煸起，口感香甜，也很有南瓜味。如今年轻人做南瓜饼讲

蒸熟的南瓜饼

手工制作南瓜饼

究质量与形式，不但求好吃，还求好看。家中小女子，从市场上采购了一个南瓜，邀来几个闺蜜搓粉做南瓜饼。她们从网上下载做南瓜饼的方法，照葫芦画瓢。但她们很用心，也很用功，还很文艺。

年轻女子喜欢把心情放到美食里去。她们找来各式漂亮的饼模，还准备了砂糖、肉丁、花生、红豆沙、芝麻等馅料，做咸甜两味的南瓜饼。她们已是很熟练了: 把南瓜去皮切片，上锅蒸熟备用; 糯米粉用开水调开成块，加入糖浆下锅煮熟，与南瓜和生糯米粉一起搓成面团，截出挤子，将肉丁、花生、白糖包起；或包入红豆沙、芝麻、白糖，做成咸甜两式，就压到模子里采出花样来，放锅中隔水蒸起，成熟出锅。蒸气在南瓜饼的表面镀上了一层光泽，南瓜饼的色彩更加饱和鲜艳，更有食欲感。闺蜜中有人更喜欢把南瓜饼放进油锅里再煎一下，似焦不焦的状态，更觉香甜!

闺蜜十分满意这一次制作。小院树下，斜阳铺落地面，她们摆上一张小台子，垫上一块杏花色台布，把她们的作品摆放在一块绿如初摘的箬叶上，陈列开来，再来一次创作。那画面已满是优雅恬静的诗意。虽然同样是制作南瓜饼、品尝南瓜饼，她们与父母辈主事方式有很大的差别，更在乎审美生活。我能理解她们的情怀，一杯热茶、几块南瓜饼，就把她们征途上的心情安放下来，从南瓜饼说起，尽情地把惊喜与困惑说给这段闲素的时光。

乒乓糕

——清凉且冻疑有冰

小时候有一次跟父亲上街闲逛，他带我到一个卖小吃摊档来，买了一碗小吃给我吃。我记得那碗里的东西，透明如冰糕，润滑如蛋清，冰凉透着甜，比黑色的凉粉好吃。一碗不够，接着想要第二碗，父亲就不让我再吃了，说这好吃的东西不能多吃，有点寒凉，怕我的脾胃受不了，还说我常常闹肚子，更不能多吃。我只好听父亲的话。后来父亲告诉我，那好吃的东西叫乒乓糕。

我不知道这名字从何而来，如此有声有色，总联想到水井里打水，一桶清凉提上来时，兴起碰得井壁发出乒乓响声。由此，我一直错误认为乒乓糕是井水的结晶。

自从那次吃了乒乓糕，我就无法忘记这份小吃。有时独个儿上街，心中企盼能遇上卖乒乓糕的，即便吃不上，看它一眼也满足，还记起上次吃乒乓糕的情景：那小摊档当街立下一个木桶子，上面盖上一层白布，桶子里放下一个陶盆，盛着一大盆子的乒乓糕。卖乒乓糕的男子，一边吆喝，一边往桶子轻轻地敲打，发出声响，吸引顾客。有人买他的乒乓糕，他就往盆子里舀上一勺，放到碗里去，用小刀在碗里划上几个十字，舀过一汤匙的糖浆便递给顾客。买者接过乒乓糕，一饮而尽，很是快活的样子。这番情景，一直刻在我的脑子里。

后来我遇上过几次卖乒乓糕的，了解乒乓糕的原材料和特性，才知道乒乓糕其实不是糕，是果冻。冻，是汉族最传统的食品，比如有猪皮冻、鱼

乒乓糕

薜荔果：制作乒乓糕的材料

胶冻、琼脂冻等。主材料自带一种凝固的胶质，结成冰冻的样子。冻，都有润滑的口感。

岭南地区山地生长一种植物叫薜荔，长出的果子便是阳江人说的乒乓子。薜荔桑科植物，拉丁学名“Ficus pumila Linn”，一些地方称凉粉子或木莲，江南一带称鬼馒头、木馒头。薜荔果性甘平，其果汁加工制成凝结状的清凉饮品就是乒乓糕，调点蜂蜜或蔗糖，很是润滑的口感，还清热解暑、提神醒脑。

闸坡地处亚热带过渡气候带，山上也长薜荔树，有人摘它的果子做乒乓糕。几年前我看到一处旧屋墙上，长出一棵薜荔，树枝都长满了那面墙了，人们视它为风景。

渔港的夏天也常遇酷暑，有时工地或船坞也备下广东凉茶水，给工人渔民解渴清热。有小商贩制作乒乓糕，挑到船坞或建筑工地上叫卖。挥汗如雨的渔民工人很喜欢，都围过来买乒乓糕吃，一挑担的乒乓糕很快就售罄了。晚上，正街口大道边也有卖乒乓糕的，亮着煤油风灯，买卖一直做到深夜。

据老人们说，过去镇上没有冰镇设备，制作乒乓糕只能使用清凉的山泉水。闸坡三井坑林幽僻静，那里的泉水丰富，水温比较低，是制作乒乓糕的最佳用水。有小作坊从这里取水制作乒乓糕。如今那里的泉水没有先前清洁，很少人到那里取泉水了。

时光慢慢地走过，有的美食会悄悄地失去。有好长一段时间，都不见有人卖乒乓糕。是什么原因，至今都弄不明白。不过，近几年又见挑担卖乒乓糕的，风味没有变化。买卖却没有过去的吸引力了，单是吆喝的声音，都是录音，功率很大，甚至是烦人，缺少真人叫卖的韵味，吃乒乓糕的兴致也就少了很多。

合桃酥

——美美品来酥与合

许多的小吃具有普遍性。比如合桃酥，不说全国，省内各地市县乡镇都有面市供应。不同地区、不同文化背景、不同阶层的人都喜欢吃合桃酥，家庭小聚、酒店宴会、茶市小点都有它的影子。合桃酥已是一种真正的大众小吃。

很多的场合，乡民都会把合桃酥作为一种合宜的点心摆到桌面上来，让来客品尝的。乡民婚娶过礼，礼饼就不缺合桃酥，而且数量很大，以数百或千计。除此，祭祀、敬神也使用合桃酥。可见合桃酥不只是一种小吃，它作为各种礼仪的用品已是很普遍了。

合桃酥原是宫廷食品，原名“核桃酥”，因用桃仁作馅料而得名。核与合的读音相同，而改核称合，就是讨个吉祥好意，万事以合为吉，事物发展最终走向合是最好的结局。小吃名称的改变，体现价值取向，还有文化意识。

如今的合桃酥少用桃仁，只是口感酥脆而已。小吃食品在发展中，名字和材质不断改变，是常有的事情，这与社会物质资料供应变化、商业利益诉求的不同和人们品味的改变是有关的。当下的合桃酥制作，多用膨化料和黄油等食材制作而成。酥的原意是奶油，合桃酥使用黄油，口感不但酥脆，还富有奶香，风味中西合璧，很能吸引人的。

其实，合桃酥在当下小吃精品频出的环境中，依然站稳市场，是因为它成本不高，好看还可口，被广泛接纳。从主事方看，它的使用价值比起食

合桃酥

用价值多一些；而接受方最终是食用。因此，合桃酥的制作是按主事方要求而生产的,或者已产业化了。在海陵闸坡,也有专门制作合桃酥的专业户，大量生产合桃酥供应市场。大多数合桃酥以适应普通人购买的水平而生产，包装简陋，没有什么标签，用料也很一般。而婚嫁庆典使用的合桃酥包装越来越精美，喜庆又吉祥，既好看，又好吃。当然，酒楼茶市出售的合桃酥品质会更好一点，这是基于特殊的消费人群而制作的，毕竟把住最好品质赢取市场信赖最为重要。

对比过去，总觉得当下合桃酥的味道没有先前的好。孩提时，常跟大人“蹬茶楼”,最喜欢吃合桃酥。手中只要拿上一块合桃酥,根本就放不下来，非得把它一口气吃掉不可。那酥脆已把牙齿深深的迷住了，撒在酥饼上的桃仁又不时在酥脆中散发香气，在舌尖上回味。

老婆饼

——不负深爱献香酥

早前，正街口的小吃档买卖习惯做到深夜，依然热闹。档口前总有男人来买老婆饼。男人深夜回到家，第一时间是递给老婆尚有温度的老婆饼，要老婆趁热品尝，言语殷殷。老婆那不大高兴的脸色，瞬间就绽开了高兴的笑容。虽然未必每个家庭都如此，而这一幕也确实在某些夫妻间上演过。

有一个诗人说：“人世间，唯有爱与美食不可辜负， 爱已经辜负得太多，美食就不能再辜负了。”这真是悟透了人生的至理名言。老婆饼是专门为老婆制作的，是男人不负女人之爱的一种表达方式，是“特别的爱献给特别的你”。爱以味道为媒，增强家的黏度！

随着家庭生活的延续，夫妻地位发生了微妙的变化，妻子或已不再是初入夫家时那般小鸟依人，而是掌握了家权“话得事”了。而丈夫看到妻子威仪的样子，看到她每天忙碌的身影，不但要尊重，某种情况下还得献点殷勤，甚至是讨好，使夫妻生活过得更好更和谐一些。爱尔兰剧作家萧伯纳说过：“任何一种爱，都不比对美食的热爱真切。”把内心的情感转化成美食，奉献给心中的女人。男人吃透了美食与女人的关系，把美食作为情感的黏合剂。

然而，生意人比一般的男人更能洞悉美食的意义，肯定美食在情感中所能发挥的作用，更肯定将情感因素糅入美食中去，就会把利润糅进情感世界里。这真是招财的妙招。

老婆饼

老婆饼有着怎样的品质赢得女人芳心？细想不一定是老婆饼有特别之处，关键是丈夫“记得老婆”，老婆饼能作证。家中丈夫主外，总把老婆丢在冷清的屋子里，家庭不和睦往往从老婆孤独开始。老公遭到老婆的抱怨，要老公记住家中还有“老婆与孩子”。这种记住,大抵与食品有关,回应美食，践行“民以食为天”思想就不会错了。当然,甜言蜜语也很重要,若论润滑，没味道来得妙。比如一颗岭南荔枝能让杨贵妃为之心悦动容，妩媚欢君，且成为历史佳话。一国君主如此，何况常人呢？

老婆饼让老婆为之倾倒是味道！面粉糅入猪油、鸡蛋与糖，一层一层地叠加擀起而见不到任何层次。当温度恰到好处落到饼坯上，就立马浮现出丰富的层次感，那是一片片的酥脆，夹带着蛋香与油香，还有某种馅料的味道。把一块老婆饼放入舌尖，感觉不温不燥，恰到好处，若细细地品味咀嚼，酥脆中带着软绵，芝麻香和奶香在悄悄地溢出，渐渐地放大到整个身心。这种味道,是女人都喜欢的,恰如一个男人在她的面前的表现一样。不论哪一个女人，心中对她的男人如何嬲起了怒火，这种味道润滑之下都会熄灭！老婆饼真是研究女人独特心理的成功之作，女人无法阻挡的诱惑。

其实，老婆饼最奥妙的还不止于味道口感，饼家每于入夜才将热饼陈架出售。男人往往深夜而归，给老婆带上的美食总有温度，就会满足老婆的吃货心理,那心中的积怨随温度而至自然消除。恰当的时间、恰当的风味、恰当的温度，又恰到好处地满足老婆，前嫌自然尽释。

老婆确需要安慰。渔民海上捕鱼，家计都由老婆谋划承担。这份担当不能说功劳不大，辛苦可想而知。买几个老婆饼，哄老婆开心，也是丈夫应做的事情，况且它不止于舌尖满足，是家的味道，是爱的味道！

刨花

——卷得松化不一般

我一直没有忘记闸坡民强茶楼的样子，那是一幢三层高的旧式建筑，二楼是茶市。民强茶楼设午市和晚市。喝茶消遣的人每天都不少，多有渔民、工人和商人，茶市很热闹。民强茶楼陈设虽然不怎么高档，可它的服务很贴茶客的心。只要茶客出现在楼梯口，服务员就站到那里迎接，带顾客入座，接着用毛巾在茶桌上再干净一回，就端来一泡热茶，一边站着伺候。

小时候跟大人们上民强茶楼饮茶，发现点心展柜里摆放的“刨花”特别抢眼，金黄金黄的色彩，翻卷的形态似是一朵花，深着在面上的糖浆如漆，有时还能看到一缕一缕的糖丝，引得口水直流。大人们似是知道小孩的心理，便点了几块刨花，未当回过神来，那刨花竟已被小孩消灭得一干二净，发觉这小子真能吃！而我直接的感受不是能吃，是可口得不容舌尖放下。

我不知道这道小吃怎么被起了这样的一个名字，与美食不大沾边。乡民对某些事物容易从第一感观出发，只要形态特别，就用身边相近物象取名字。一块糅了蛋的面皮，中间开了一道口子，两头向内翻结，放进油锅里炸得酥脆后，涂上糖浆，便成了外形似绳结的小吃。一些地方称它为“牛打缭”，本地渔民称它“刨花”。仔细观察，这个小吃的形状还真有点像是从杉木刨出来的木皮卷子，这是本地最常见的东西，因为造船厂、木工厂遍布阳江。其实阳江以外地区，称这种小吃为翻角、抄抄扣、蛋散、蝴蝶结等等，不一而足。

刨花

刨花，把这个小吃形态形容得特别生动。薄薄的面皮，扭翻的形态，黄黄的色彩，真有点像刨花那样可爱。鸡蛋打散后与猪油、发酵料糅入面粉里去，经过深度搓揉，制出面团的韧性，静置中醒发变得软糯，然后再次排空揉起均匀，压成厚 0.5 厘米，宽约 5 厘米，长 10 厘米的面皮，在中间开出一道口子，将两端执起向内翻成蝴蝶结，下油锅炸至松脆，涂上一层麦芽糖浆即可。描述虽然如此简单，做起来可不容易，技术不是一般人能明白，精到在于秘诀，很难做出它的香、酥、软、脆，矛盾对立又统一。

民强茶楼有一个很出名的点心师，人称陈大师傅。那里的刨花就出于他的手，他的制作不但样子漂亮，还酥软香甜，入口能化。茶客们对陈大师傅的手艺赞叹不已。受他的影响，有的人在家里也学着制作刨花。不管怎样做，都做不出陈师傅制作的品质来，不是过于扎口，就是不香。陈师傅做的点心，绝对称得上闸坡小吃的经典，因为技术有难度，长期没有酒家敢做，今天很少面市。不管如何，刨花只是民强茶市小吃中的一个品牌，还有许多的味道值得称道，还有它的服务，是老一辈茶客们最推崇的。

牛耳饼

——酱香疑似肉品来

什么是牛耳饼？牛耳饼其实是切酥。它因包裹馅料形成的内卷状纹理似耳蜗，而比喻牛耳。牛，可理解为体形大、好味道。

小时候很喜欢吃牛耳饼，喜欢它酥而酱香的味道。为了能吃上一块牛耳饼，什么家务都愿意干。拿到五分钱打赏，就跑到小副食店子里去，买下一块牛耳饼自己乐着吃。父亲经常出海，有时回家，偶尔也带上一卷牛耳饼回家来，我高兴得不得了，嚷着要立即尝一尝。母亲说要等家人都回来才吃呢，而父亲最知道我的心思，先从那包牛耳饼里取出一块给我吃。他就是宠着我。

那个时候，闸坡有多家饼坊制作牛耳饼，若论风味，数国营民强酒店和集体合作总店两家做的好吃。民强酒店的牛耳饼，香酥的面皮富有层次，香甜酱润又不油腻；合作总店制作的软酥油香还甜美。两家茶楼虽然不乏品类繁多的茶点，供应数量最大的还是牛耳饼。乡民坐茶楼喝茶，牛耳饼是不会缺的茶点，几十年前，或是如今也是这样。

而我觉得奇怪的是，大多数的老人喜欢吃牛耳饼。有一年，到村下探望一个亲戚。临行前，父亲嘱咐我要给老人带上一卷牛耳饼。与老人见面时，把牛耳饼和两瓶老酒交给了老人。老人见到牛耳饼就十分高兴，说这礼物就是好，还称我有孝心。老人对我说，牛耳饼是他从小到大都喜欢的味道，尝它就有吃肉的感觉，能下酒。老人无意中说出人们喜欢牛耳饼的秘密，原来它有“肉”的味道，此说解开了我心中许久的疑惑。

牛耳饼

老一辈人生活很艰苦，缺衣少吃，一生当中吃肉也不多，能吃到香口的肉也就更少了。牛耳饼虽然不是肉，但它有肉的味道，这是老人们最想品尝的,就常用牛耳饼下酒。纵观乡间的小卖部,没有哪一间不卖牛耳饼的。小铺子面前，总见到几个老人坐到一处，中间放着两三块牛耳饼，各人跟前一杯酒，一边饮着酒，一边品着牛耳饼，兴高采烈地谈天说地，幸福表情绽放开来，感染了每一个人。

牛耳饼还真有尝肉的感觉，是由于它的酱香。面皮用猪油、鸡蛋、白糖制酥之后，将花生仁、猪肉，南乳、葱、蒜等馅料制出酱香的味道来，就铺到面皮上卷起，压实成方柱形状，然后一块块等份切下来，放进烤炉里烘焙。当面皮见温酥发，酱香溢出时，就扫上一层蛋黄液，增加点亮色，再度焙起成熟,即可出炉。刚出炉的牛耳饼,香气迫人,闻之就想大吃一口。

要说本土牛耳饼与其他地方同类饼相比较，本土的优势在于饼大料足，做工考究，尤其酱香风味独树一帜。一些地方的牛耳饼被称为猫耳饼，形体很小也薄,制作较为粗糙,风味也单一。相比之下,还是本土的货真价实,风味上乘一些。

水晶饼

——嫩透香润还添软

制作水晶饼

不经意的品尝，有时成为一生的品味追求。那风味深深扎根在舌尖里，如要割舍转而追求新味，变得不那么容易了。

20 世纪 80 年代初期，个体民营饮食服务业兴起，一些传统小吃陆续面市供应，水晶饼就是其中之一。水晶饼是闸坡传统小吃之一，早已有之。

只是有一段时期，粮食供应不足，水晶饼因此而停供，人们品尝也就不多。那个时候，也有酒楼使用一些次质材料制作，以保供应，而风味就不怎么好，尝过之后，与传统最好的风味相差十万八千里。

水晶饼据说最初出自陕西，相传北宋时期，有一年寇准从京都开封回到故乡下邽县，乡民为表达敬意，给他祝寿，送给寇准一盒装着数个晶莹透亮如同水晶的点心，上面还附了一首诗：“公有水晶目，又有水晶心，能辨忠与奸，清白不染尘。”寇准很高兴，后来让家人仿做这种点心，取名“水晶饼”。从此，水晶饼就在全国各地传播开来。由于地方饮食习惯的不同，水晶饼的也就有了各地的风味特色。

20 世纪 90 年代初，闸坡有一家酒楼，名叫翠海楼，它是闸坡的一家私营酒楼。这家酒楼经营早午晚饭市和茶市，生意很不错，很多人都喜欢到这里吃饭饮茶。翠海楼饭市推出的“芋香鸭”是该酒楼的一道名菜，很是招人喜欢。同事朋友三五个人常到那里吃饭，成为酒楼的常客。酒楼老板和我们很熟，不时回馈一些点心给我们吃。有一次，酒楼老板送来酒楼的名点水晶饼。当服务员把点心端到餐桌上来时，眼前为之一亮。那水晶饼晶莹通透，真有冰清的质感，透明得能看到里面的馅料，一层香油把软糯的质感展现无遗。看得入迷的时候，忍不住咬了一口，那内馅是红豆蓉，香味浓郁，绵烂又不失咀嚼、猪油在豆香中润起一股清甜。真的非常好吃。几个人吃了一打，还让服务员再来一打，有点停不下来的意思。这次品尝水晶饼的味道一直留在我的记忆里。

有的地方制作水晶饼主材使用糯米粉，也有用薯粉。而广东地区的制作多用生粉、澄面粉和竹薯粉，也有用别的材料。材料选用得好，水晶饼的质感就很鲜明。本地水晶饼很有特色：澄粉与竹薯粉过筛后，用开水慢慢兑入粉中加入猪油或花生油揉成富有弹性的粉团，将粉团截成挤子，采成面窝，将红豆沙或别的馅料放入面窝包起，放进饼范中压制成形，隔水蒸制 20 钟即可。有酒家在水晶饼下锅前，添上一点胭红花饰，水晶饼出锅时红艳艳，犹觉有浓浓的乡情。只要咬上一口，能被它渗出的豆蓉芳香、猪板油脂香所吸引，甜甜的，滑滑的，真有一种香润甜美的感受！

水晶饼

由于意外原因，翠海楼于 20 世纪 90 年代中期收业了，它的水晶饼就再也没有出现过，很觉可惜。酒楼虽然没有了，味道却是可以传承的。21 世纪开始，个体经济再一次迅猛发展，食品加工作坊如雨后春笋涌现，传统小吃生产经营迎来了春天，许多接近失传的制作又得以恢复再生。水晶饼重新出现在市肆饼家和酒家点心供应中。风味也一如翠海楼的出品，我能找到那一种感觉：冰清甜润，油而不腻，入口 Q 弹。我以为这是正宗的传统风味了。

然而，年轻一代从教科书里找到制作水晶饼的方法，使用更丰富的材料，制作更通透、更香美的水晶饼来，口感也不错，就是没有传统风味好。我以为是少了历史的沉淀。风味既是物质的，也是非物质的。因为我们总是从记忆里翻寻曾经且最深刻的味道！

油麻角

——慢品细嚼知香味

手上抓着一块油麻角，就想起孩提时南安正街那一间卖副食品的小铺子，当街一个曲尺柜子，上面摆放着各式各样的果脯、小吃饼和麻糖。如玻璃瓶里的油麻角最是吸引我。手里捏住五分钱，眼睛打量着玻璃饼里的油麻角，接着用手指隔着玻璃按住心中的那一块，就要买过来。当铺子里的大叔从玻璃瓶里取出那一块时，感觉比放在玻璃瓶里的小很多。于是，大叔又将油麻角重新放回原位，看到的依然是初时的大小。原来玻璃瓶外表凸凹不平，凸的地方放大了那油麻角的体积，取出时恢复了原样，就觉得不对称了。一番折腾，只好接受指定的那一块，付了钱，就躲到屋角一处，慢慢地品尝。不管怎么样，咬下一小块油麻角，就尝到它甜甜的香香的味道，还有炒花生、芝麻、杏仁和米粉的香，咀嚼起来，生出一份快乐的心情。

油麻角是传统小吃，从祖父到如今我的孙子几代人都尝过油麻角，只是如今的风味没有先前的好了。一般的油麻角大小如半截土肥皂，三角形状，颜色有点灰白，保持原材料的颜色；芝麻和炒花生仁都藏在香粉里，用包装纸包裹起来，会在纸面上留下斑斑点点的油迹，散发出阵阵的杏仁香。油麻角虽然是几分钱就能买得到，就是不想一下子吃完，一点点地品尝，喜欢慢咀细嚼，感受它慢慢散发的香，让快乐的心情得以延长又延长。

传统的油麻角很耐咀嚼，细细品味中回味。现代人已没有早前对硬质食品慢嚼的耐性，快餐式的文化，摧毁了人们对食品的细研能力，甚至连牙

油麻角

齿的碾磨力也渐显衰退。当下的油麻角很软，经不起大牙来回碾磨，不支持慢咀细嚼的回味。

其实乡民一直喜欢油麻角，把它列入最受欢迎的小吃。有此一说，遇上小孩哭闹不停，就来一块油麻角，能哄小孩开心，哭闹马上停止。所以就有了:“赏你一块油麻角，叫你笑不停。”这不仅是对小孩，有时对老婆、对女朋友，也有效果。还真是美食无所不能。

过去，油麻角是可以作为婚嫁礼饼的，过礼下门亲家就不缺油麻角。婚后夫妻,望相敬如宾,两小无猜,油麻角往往发挥作用。常言道:“凛凛香，爱你那夫娘（妻子)，送其个油麻角，见其就好商量。”可见油麻角的风味不一般，还很有魅力吧!

月饼

——从古到今犹可品

月饼，不唯家乡才有，它是中华民族大家庭的一道风味，也是文化。月饼风味或许相近，各地赏月的风俗有所不同。恰恰大团圆的日子里，渔民家庭生活将发生重要的变化。家中男人要从这一天开始，出海远走他乡，到明年春天才回家来。中秋节变成了渔家人的送别日。

南海的鱼类每过中秋，就从东部向西部洄游，形成重大的鱼汛，也是下网捕捞的最佳时节。这个时候,渔民得赶赴东部海域生产了,民间称为“上海”。数个月的日子里，渔民家庭夫妻分离，丈夫一头在海上、妻子一头在家中，夫妻两厢思念不绝！中秋节变成了很多渔民离开家庭，开始漫长漂泊生活的日子；中秋赏月也就变成了“渔家长亭别”，借月饯行。

渔民十分珍惜中秋赏月的美好时光。八月十五晚上，明月之下，家家户户团聚，在自家的阳台上，或在小巷子里，摆开圆桌，奉上香烛，禀告明月中秋，渔家人过节了，祈祷明月保佑家人平安，家庭团圆幸福，生活快乐富足！一家人明月下欣赏着皎洁的月光，抒发情怀，憧憬未来。桌子上陈奉着月饼和佳果，还有香浓的热茶。佳果多有合抱状，如柚子、香蕉、花生、橙子，寓意一家人合抱团圆欢度佳节；也有根生，如芋头、甜薯，希望游子要把根留住，不能忘记还有一个家。月饼是团圆的味道，不管家庭经济境况如何，都不能缺。它不止于贺节的美食，它还是敬给远行游子的一份心味。月饼圆圆的外形，甜甜的口感，丰富且厚实的内涵，表达了渔民对美好生活的强烈愿望。

中秋节赏月

月饼

妻子知道，离家远航的丈夫海上生活很苦，离情、孤独、苦闷，煎熬着游子的心，除了望月寄情之外，随身携带的月饼就是中秋夜父母、妻子、儿女留下的深情，是家的味道，是爱的味道。孤独中品起月饼，就想起团圆的中秋夜，想起温馨的家；甜甜的味道驱散了乡愁，抚慰苦涩的内心。

时代在变化，而月饼却没有远离我们的生活，而且越来越紧密。明月依然是那一轮的明月，从远古至今，光照游子月下行。这千古不变的风情，还有千古不变的味道，一直相随至今。如果有那么一天，古老的月饼不再，那将是明月没了风情，世界少了团圆！月饼尽管风味会变老，中秋情怀依然年轻。

世界变化了，至今月饼没有多大的改变。相反，近十多年来，随着渔民收入增长，买月饼贺节之风愈演愈烈；月饼质量也有增无减。除了传统的豆沙月饼、双黄莲蓉月饼、五仁月饼、芝麻月饼，还增加了水果素月、冰皮月饼、叉烧月饼；还有大如脸盆、小如瓶盖的月饼。不管月饼风味有多少，借月抒怀，寄望团圆的内心始终如一，渔家人中秋赏月，吃月饼的习俗从古到今没有改变。

粉 酥

——名吃更许古风味

粉酥，是阳江地方特色小吃，是广东五大名饼之一。

粉酥二字，道尽了这份小吃的精髓，还形象生动地描述了这一小吃的特点与特色。时下有很多商家用“炒米饼”换下“粉酥”，我以为是十分不妥当的。理由有：炒米饼，是从材料上定义这一小吃的，它忽略了这份小吃最诱人的地方就是既粉还酥。“炒米饼”可以涵盖使用炒米食材做出的饼类小吃，但不能精准形容“粉酥”。“粉酥”二字不但表达了小吃卓越的口感，还有技术含量。二者不能等同。粉酥经过了悠久的历史沉淀，成为地方小吃优秀品牌，体现了阳江人对这份小吃的独特制作技术与地方文化底蕴。本人极力反对粉酥名称异化，应当让这个小吃回归它的本名，让一个具有文化底蕴的品牌长期存活下去。粉酥的制作与销售在阳江已成规模产业。阳江随处可以见到销售粉酥的门店、专柜或摊档。外地人到阳江旅游带走最特色的手信之一，便是粉酥。它已是阳江特色经济和地方饮食文化的重要标志。

粉酥制作在阳江已是全民性。过去每逢春节，城市乡镇农村户户“打粉酥”，人人吃粉酥，十分热闹。炒米、磨粉、打粉酥、焙粉酥已成为阳江最独特的民俗，围绕粉酥制作的材料供应、制作、包装、销售已成产业链，推动着阳江地方经济的发展。粉酥，自古以来是阳江美食品牌，是经过无数阳江人的努力、吃苦、奋斗得来的，应当发扬光大，更好地擦亮，而不是取代或抛弃！

粉酥

制作粉酥的模具

大米翻炒成金黄色后，碾磨成粉，糅入糖粉或糖浆、鸡蛋、猪油等，加入用糖腌制好的猪油块、炒花生仁或椰丝等馅料，用饼模规范出饼坯，再烘焙而成粉酥。过程虽然简单，但环节不少，每一个环节都关系到“粉而酥”的品质。粉酥要达到粉而不散,香中带酥,不容易做到。为了这一品质，有的饼家经过几代人的研发始有成就。在众多的高手中，闸坡许耀佳制作的粉酥值得称道。许耀佳原籍江城人，民国时期定居闸坡，以专业制作和销售粉酥为生。许氏的粉酥深受港、澳、内地粤西地区消费者的欢迎。据老渔民说，过去港澳地区的渔民婚嫁庆典所用礼饼，指定是许耀佳的粉酥。因此，许耀佳粉酥早在民国时期便在港澳粤西出了名。

许耀佳做粉酥最突出的追求是酥脆。他不断试验，累试累败，又累败累试，最终成功地改良了材料，使粉酥达到粉而不散，香而又酥的品质。许耀佳粉酥注重品相。每一只粉酥都做到完整无残缺，每遇到残缺都不能出售或流入市场。民国时期，小吃行业虽然也讲点包装，但非常简单，多使用是“纸角”包裹，只是为了卫生和方便携带。而许耀佳把包装看得非常重要，率先在阳江地区使用印有商号的纸袋包装粉酥，而且每一个粉酥一个包装。顾客买了许耀佳的粉酥，就觉得很有面子，对他的产品多了几分信任。中华人民共和国成立后，许耀佳先生不幸早逝，他制作粉酥的手艺差点失传。改革开放初期，闸坡许氏后人曾一度重拾祖传粉酥制作手艺，以来料加工，为街坊制作。笔者早闻许耀佳粉酥的大名。有一年春节托熟人请许氏后人做了 100 个粉酥。当拿到这些粉酥时，见到粉酥表面图案非常清晰，轮廓饱满锐利，饼色如菊黄，质地细嫩油润，拿在手上不散，放入口中脆有香酥，没有普通粉酥那种过度结实坚硬。细嚼许氏粉酥，有一股杏香和油香。就拿眼下阳江最好品质的粉酥与之相比，也毫不逊色。不知道什么原因，许氏后人没有将这一手艺传承下去，颇觉可惜。

粉酥一向是闸坡乡民过春节的重要点心。没有打粉酥过节的人家，不是有经济问题，就是有其他问题。由此可见“粉酥”在乡民的节庆食品中有着不一般的意义，从中能窥见一个家庭的生活境况。

乡民对待粉酥态度是虔诚的。每年冬至过后，就炒米磨粉，然后放进一个小陶罐里静置一个月或二十余天，让炒米粉里的燥热消减之后，才做粉酥。粉酥做成之后，改用一个叫“激死蚊”的小陶罐（罐口处有凹槽，可装水，蚂蚁不能越水进入陶罐）存储起来，避免受潮，影响口感。

品尝粉酥固然是一种口福，观看打粉酥，也是一场视觉盛宴，充满温情画面感。打粉酥的“打”字,形象了粉团从模坯子被击落到烘焙架上焙起，形象生动地表现粉酥制作的流程与特点。最是寒冬日子，阳光温和，空气温度湿度都低，这对粉酥成型很有好处。重要的是，寒天时节，大多数家庭主妇赋闲，三两知己，邻居亲戚走到一起，打打粉酥，聊聊心里话，暖暖身子，是一件开心又温情的事儿。因此，架起土制的烘炉，相邀邻里乡亲打粉酥，成了节前地方的风俗风情。诗云:“小巷家家笑语盈，寒天焙制暖亲情；粉酥饱满迎春馅，岁晚乐听打饼声。”

粉酥是渔民海上生活的消闲食品，一杯小酒，一块粉酥，足以聊慰孤独的心情。渔民认为粉酥可口,还有驱寒暖胃的功效,是渔民最喜欢的小吃。渔家妇女疼爱丈夫，把制作好的粉酥包裹密封好，让丈夫带到海上吃。一块粉酥充满了家的味道与温情。粉酥是春节最受欢迎的小吃，祭祀供奉少不了粉酥；走亲访友，也带上粉酥，让亲朋好友分享。粉酥也是乡民闲情小吃，它可伴随一段心路，也可以打发一段无聊的时光。

薄脆仔

——一点脆香已留情

薄脆，是饼类小吃口感的高级追求，能做到薄脆不是一件容易的事情。然而，传统的小吃中，确有一种小吃，它的口感就是薄脆，连它的名字也叫“薄脆仔”。只要轻轻地咬它一口，小面饼即刻被碾成碎片，清脆的声响伴随而来的是芝麻香，只好不停地将那份爽脆塞进嘴里去，才觉得过瘾。不无感慨瓶盖大小的一块面饼，与我们同龄人曾一起走过，它是我们曾经最喜爱的味道。

吃着薄脆仔，略有所思：一丁点甜甜的面粉与芝麻，捣鼓出这般经典的口感,颇让人们玩味的。想象它起初是一小不点的甜面糊,摊在烘焙盆上,由点变成了一块圆饼，高温之下，那圆饼变得越来越薄，也越来越脆；撒在薄饼上的芝麻，仿如种下了奇香的种子，让舌尖的每一味蕾去收获。我认为薄脆不是“口感”二字就能打发它的,方知这里面会有一定的技术含量,要不，何故独此一脆？

很小的时候已喜欢上薄脆仔，街口的小食店是我经常光顾的地方，连这份脆口放在哪一个位置已很熟悉，不用多费时间，就可以找到它。一毛钱买到好几块薄脆仔，放进书包里，就高高兴兴上学去，路上不时从书包里掏出来，先闻一下那芝麻香，再来小小的一口咬出一个月芽，就放进书包里去，心中无法抑制，只好再掏出来，又咬下一口，月芽变成一个两面锋利的斧头，回到学校时候，那薄脆仔早已变化好几回，最后下到肚子里去了。只要是课间或者放学回家的路上，书包里余下的几块薄脆仔就可以打发时光，满足嘴馋。也曾因为一份薄脆酥香，招来同窗艳羡的目光，因

薄脆仔

为愿意分享，才收获了一份同学情谊！虽然是小得不能再小的分享，后来的拉手和关心竟是一辈子。

时代已在变化，小吃也在不断创新。薄脆仔在当下高大上的小吃中已十分不起眼，没有人会再想到这份童年的味道。但它是很多人童年的印记，是一种难以割舍的情感。当还要坚守因它而来的一段友谊，就无法不回味曾经有过的相处与欢乐。欲想找到我们曾经拉手的见证，味道便是最珍贵的证明。它如岁月的档案，储存在时光里，或时空的流变之中，或是我们的舌尖上，我们因此而感动！

豆艮糖

——挺过艰难苦变甜

豆艮，指的是花生仁；豆艮糖，就是带花生仁的糖块。

闸坡有一个卖“豆艮糖”的艺人，他个子高大，渔民称他“高佬”。高佬年轻时家境贫寒，生活困难，靠卖苦力为生。而高佬的头脑却是机灵，当他见到小吃市场有潜力可挖，就转行卖花生仁糖。高佬本来不懂得做花生仁糖手艺的，生活所迫，硬着头皮边做边学。他认真观察别人做花生糖，解析其中的原理，将自己的感悟放到实践中去，不断总结经验，找对方法，还有所创新，做出了自己的味道来。后来高佬就以做花生仁糖为生，并把花生仁糖改称“豆艮糖”，树立自己的品牌。别小看这门小手艺，它使高佬解决了温饱，稳定了生活，日子过得越来越好。

高佬做的豆艮糖柔软中甜香，还夹脆，你感觉好像一把脆口炒花生仁夹着软糖在口腔里嚼动，甜、香、软、脆一并而来，中间还带有一点的油香，这本来不算什么，可渔民就是喜欢它富有层次的味道。

其实，高佬的成功之处不完全是他的豆艮糖的味道，叫绝的是他兜售的方法！最初高佬学着别人的做法，兜售规范划一的小块豆艮糖。当高佬发觉销售的效果不理想，还有人喜欢不大规则的豆艮糖块时，他就干脆将未经整理的糖块和盘端出来卖，任凭顾客喜欢，要多大多小，凭顾客说了算，他只往糖块里裁，仿如剪布一样，给你一种别致、公开透明、还原汁原味的感受。

豆艮糖

高佬卖豆艮糖总带上一把剪刀，口里一边吆喝，手上不停地开合剪刀，咔咔咔地响个不停，惹人关注。当我坐在寂静的小巷子里，听到由远而近、富有节奏感的剪刀声，还有高佬唱出“软糯”得不甚真切的“豆艮糖，买豆艮糖啰！”的吆喝声，就知道高佬顶着他的豆艮糖来了，急令他来到身边，将口袋里的零钱交给他，换得一堆豆艮糖，左邻右舍分享起来。最害怕的是，几个小子拿高佬的一簸箕豆艮糖作赌注，抓来一条甘蔗，几个人赌谁能破开蔗条最多，谁就是赢家；赌输的小伙子得买下高佬那一簸箕的豆艮糖，分给大家吃，最后是大人小孩开怀地分享胜利者的果实。这下高兴了高佬，苦了掏钱的，免不了向高佬责备一句：以后别往这里来，让你给害了！高佬只得赔笑几下，转身回家再去取一大簸箕的豆艮糖顶在头顶上，沿街叫卖去了。

高佬的豆艮糖与别处的花生仁糖没有本质的区别，味道也并不很突出，依然是文火下翻炒脱衣的脆口花生仁混合砂糖糊，做出来的糖块。但它见证了一个从无到有，从贫穷到富裕奋斗者一路走来的艰苦努力。人们或许不大记起那豆艮糖的味道，而总记得高佬创业的故事，并总以他的事迹来激励自己。

高佬的豆艮糖甜润了一代人的舌尖与闲情，也甜美着无数对生活充满憧憬的心。那一份香甜从舌尖沁入到心里，慢慢地在岁月中发酵转化成正能量！

芙叔麻糖

——时光流逝甜未改

芙叔早已离开了我们，可他的麻糖却一直留在我的舌尖上，甜甜的使人回味！

芙叔住在南安街的小巷子里，是镇上的老居民。小时候我常去他那里买麻糖吃，遇上他打糖的时候，不但买到第一剪的“糖头”，还可以看他制作麻糖的过程，赚几分乐趣。

芙叔眼力不好，几乎看不清东西，打麻糖时总要妻子过来帮忙。他吩咐妻子裁定材料，就下锅煮成糖糊。当糖糊从锅里舀起来，放进一盆冷水中散热，芙叔就忙开来。芙叔把手伸向盆子边探得糖糊已不太热了，就将糖糊捞起，挂到木架上拉起来。芙叔将糖糊拉抻得很长，又将糖条挂回去，不断重复这一动作，那糖糊渐渐地变成似是一束金发，飘逸在芙叔的手上，屋子里散发着甜甜的味道。

约近一个小时过去了，芙叔从木架子上取下打好的糖条，就往装满炒米粉末的簸箕上放好，再将糖条搓成拇指大小，拿出剪刀，习惯地铰合几下，发出“咔咔”的声音，就告知我们麻糖就要开卖了。

我最喜欢芙叔麻糖的第一剪的糖头，颗粒会大一点。刚做出的麻糖，还有几分温热，口感特别软糯，放在牙床里碾磨几下，一股甜蜜还夹着炒米香，沁入到心里去。

那个时候，芙叔夫妻已是六十多岁的老人，膝下没有儿女，就靠这般手

手工制作麻糖

芙叔麻糖

艺糊口。童年很是喜欢芙叔麻糖，总以为芙叔眼视力不大好，剪下印在课本上的角分来换芙叔的麻糖。芙叔的手如长了眼睛似的，拿过那“钱”，凑近鼻子闻一闻，手指在纸面上一捋，便知道那不是真钱币，笑着对我说：不要用假钱哄我嘛，想吃芙叔的麻糖，帮芙叔收拾一下柴火就行了。

没有零花钱，舌尖又总浮现那麻糖的味道，只好听芙叔的话，为他收拾晒在门前那一大摊子的木柴，一一地归拢码好，芙叔便从簸箕里取出几粒麻糖递给我。自此，再也不敢在芙叔面前要什么花招了。

从小看芙叔打麻糖，吃他做的麻糖，那味道在脑海就有深深的印象。那粽子形的麻糖便是标记，总是认定那糖有炒米粉的味道，最是好吃。当下市面充斥着西式甜糖，我不大喜欢，总觉得它过于包装华丽，缺少的是麻糖那份朴素与乡味。朴素的味道是不用什么包装的，因为它具有真实的品质。

后记 POSTSCRIPT

回顾《闸坡风味》写作过程，才知道自己在美食研究上还很肤浅，尤其对烹调技艺的认识，处于一般的层面上，因此而未能奉献更多更有价值的信息给读者，这是笔者深感遗憾的。

《闸坡风味》对本土美食从不同视觉作了一些介绍与分析，有些内容略带地方风俗风情的叙述，目的在于增强文章的内涵和可读性。至于地方饮食文化的形成与传承、开拓与创新，是一个很大的课题，本书未能深入其中，将有赖于美食专家的研究和各方的努力。

闸坡镇地方菜属于粤菜系，烹饪坚持清淡；小吃则多有传承与兼容，具有一定的地方特色。这不奇怪，饮食文化在发展中总有交流碰撞，不但会改变，也会创造特色，它能反映一个地方饮食文化的成长。《闸坡风味》于此有所探讨，但嫌不足。

写作《闸坡风味》的困难不少，好在有长期积累与深入思考，才创作出这些文字。由于某种原因，一味一品没有现成的影像资料，全部的影像靠自己组织食材或烹调制作、拍照留影，一些菜和大部分小吃则借助酒家的出品进行采拍而成。工作虽然很苦累，但能给读者提供更多的直观信息，笔者颇有成就感。

本书出版之前,得到有关领导、专家、亲朋好友支持与帮助。著名学者、历史地理学和文史研究专家司徒尚纪教授多次了解本书的创作情况，热心为本书作序；中国作家协会会员、广东省作家协会理事、阳江市文联兼职副主席、阳江市作家协会主席林迎先生多次了解本书的写作和出版进展情况，百忙中为本书作序；广州大学管理学院（旅游学院）副教授、硕士研究生导师、广东省旅游标准化技术委员会专家、广东疍民文化研究会副会长吴水田教授为本书撰写序言推荐；历史学博士后、澳门文化司《澳门文化》原主编、南宋文化遗存研究专家黄晓峰先生和历史学博士后、澳门镜海学园原校长、南宋文化遗存研究专家刘月莲教授夫妇，第十三届全国人大代表、闸坡镇莳元村原党支部书记梁桃好友、著名企业家、闸坡乡贤梁铭琛先生，以及海陵珍珠马蹄协会等热心朋友和社团组织对本书的出版也极为关心，提供了宝贵的支持与资助。在本书写作过程中，许多同事、朋友、乡亲为写作及采拍素材提供了大量的帮助，在此表示衷心的感谢！

杨计文

2022 年 11 月 7 日